生態学のための標本抽出法

Bryan F. J. Manly
Jorge A. Navarro Alberto 編

深谷肇一 訳

Introduction to Ecological Sampling

共立出版

Introduction to Ecological Sampling
by Bryan F. J. Manly, Jorge A. Navarro Alberto

Authorised translation from the English language edition published by CRC Press, a member of the Taylor & Francis Group LLC.

Japanese language edition published by KYORITSU SHUPPAN CO., LTD.

訳者まえがき

　標本抽出（サンプリング）は，母集団の特徴を知るために，母集団から比較的少数の要素（標本）を無作為に選択してその属性を調べる方法である．その妥当性と利便性は，母集団特性値の推定における誤差や偏りの大きさを評価する統計学の理論によって裏付けられている．

　母集団の要素を全て調べ上げることが難しい場合には，標本抽出は母集団の特徴を把握するためのほぼ唯一の選択肢である．そのため，野外の生物集団などを主な研究対象とする生態学やその関連分野では，標本抽出が重要な役割を果たすことが多い．たとえば，対象生物の数や分布を調べるために一定の調査領域から調査地点を選択することや，調査地点にトランセクトを設置して生育する植物種を記録すること，または調査地点に現れた動物の個体を数え上げることなどは，いずれも生態研究における標本抽出の典型的な例である．

　Bryan F.J. Manly と Jorge A. Navarro Alberto 編による "*Introduction to Ecological Sampling*"（2015, CRC Press）の邦訳である本書は，生態学分野における標本抽出の考え方や方法，関連する統計解析とソフトウェア，実際の応用などについて解説した入門書である．生態研究に固有の事情に合わせて開発された標本抽出法も幅広く扱われており，関連分野の学生や，研究・教育に従事する方，生態系モニタリングに関わる方などに広く薦めることができる．この邦訳が多くの読者のお役に立つことを願っている．

　本書の準備にあたり，飯島勇人氏と大久保祐作氏からは専門家としての貴重な助言をいただいた．また，本書の企画・出版にあたっては，共立出版の山内

千尋氏と野口訓子氏より多大なご尽力をいただいた．私が本書の準備に多くの
時間を費やすことに，妻の佑紀は寛容でいてくれた．この場を借りて感謝を申
し上げたい．

2022 年 12 月
深谷肇一

まえがき

　この本のきっかけは，約20年前にLyman McDonaldとBryan Manlyが始めた，環境学や生態学における標本抽出に関する生物学者向けの講座である．この講座のために，2人は授業内容となる様々な話題をノートに書き，その内容に基づいて講義を行った．このノートはその後，2006年にBryan ManlyとJorge Navarroがメキシコ・ユカタン大学で生物学に関心のある人を対象に研修会を開いた際にも用いられた．その後，Bryan Manlyは2007年に，環境学と生態学における標本抽出に関するインターネット講座をInstitute for Statistics Education（http://www.statistics.com）で立ち上げるよう依頼された．こうした経験の中で，生態研究や環境研究のための標本抽出の手続きと，それに対応する解析の概要を学びたい生物学者にとって，必要な数学的指導は不可欠なものだけで十分であることを実感してきた．この間にノートは更新され，本書の草稿のもととなった．この草稿は2012年までインターネット講座で利用されていたが，この時点で，標準的な標本抽出法に加えて，環境や生態に関する標本抽出法の最近の発展を扱う章を含む本の出版が決定した．本書を完成させるために，より多くの人に関わってもらう必要があった．

　まず，生物学の多くの問題に統計学を応用してきたJorge Navarroが，本書の第二編者として参加することとなった．その後，第一線の研究者によって書かれた専門的な話題を扱う章が必要だということになり，最終的に，本書は，標準的な標本抽出法と解析法の説明の後に，Jennifer Brownによる適応標本抽出，Jorge NavarroとRaúl Diaz-Gamboaによるライントランセ

クト標本抽出，Lyman McDonald と Bryan Manly による除去法と比の変化法，Jorge Navarro による区画なし標本抽出，Jorge Navarro，Bryan Manly，Roberto Barrientos による閉鎖個体群の標識再捕標本抽出，Bryan Manly，Jorge Navarro，Trent McDonald による開放個体群の標識再捕標本抽出，Darryl MacKenzie による占有モデル，Trent McDonald による環境モニタリングに対する標本抽出デザイン，Timothy Robinson と Jennifer Brown によるトレンド解析の章が続く構成となった．

　この本は，各章の全部あるいは一部を執筆した7人の著者の助力がなければ完成しなかった．彼らの協力に感謝したい．最後に，共同編集者としての Jorge Navarro による貢献は，ララミーでのサバティカル滞在中に彼が West Incorporated 社とワイオミング大学から受けた支援と資金がなければ実現できなかっただろう．深く感謝している．

　一部の章には補足資料があり，本書のサポートサイト（https://sites.google.com/a/west-inc.com/introduction-to-ecological-sampling-supplementary-materials/home）に掲載されている．

Bryan Manly

Jorge A. Navarro Alberto

編者紹介

Bryan Manly は，2000 年までニュージーランド・ダニーデンにあるオタゴ大学で統計学の教授として勤めた後，アメリカ合衆国に渡り，Western EcoSystems Technology 社でコンサルタントとして勤務している．彼は，生物学の問題に適用されるあらゆる統計学に関心を持っており，近年は特に海や川の生物に関連した解析を行っている．

Jorge Navarro Alberto は，メキシコ・ユカタン自治大学の教授である．1986 年より生物学の学部生を対象とした統計学と標本抽出デザインの講義を担当し，1994 年以降は海洋生物学と自然資源管理学の大学院生を対象とした講義も行ってきた．現在の研究課題は，群集生態学や生物多様性保全，生物地理学における統計学的手法の開発である．

目　次

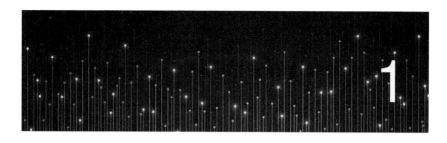

はじめに

Bryan Manly and Jorge Navarro

1.1 生態学のための標本抽出と解析の本が必要な理由

農学や生理学など，生物学分野の一部には生態学と概念や研究方法を共有するものがあるが，データの収集方法には明らかな違いがある．農学や生理学などでは，統制された条件下で標本抽出を行う計画実験を用いる場合が多い．生態学でも，因果関係をより良く理解するために実験を用いることは常に提言されてきたが（Underwood, 1997），それが困難であったり，不可能であったりするために，生態学者は観察的な方法で標本抽出を行わざるを得ない場合も多い．さらに，生態学的要素と社会経済学的アプローチを組み合わせた学際的な分野（たとえば，民族生物学や自然資源管理学）では，利用できる標本抽出の戦略は実験によらない観察的手法のみである．

生態学の標本抽出の背景にある考え方の多くは，統計学の古典分野である有限母集団の調査標本抽出に根ざしたものである．単純無作為標本抽出法，層別標本抽出法，系統標本抽出法はいずれも，生態研究に直接適用できる手法である．しかし，生態学者が実際の動植物の個体群を標本抽出する際には特殊な問題に直面する場合も多いことから，生態学者と統計学者は関心のある状況の特殊性を考慮した独自の標本抽出法を開発してきた．こうした手法は数多くあり，例として標識再捕標本抽出法，適応標本抽出法，除去標本抽出法などが挙

げられる．本書の目的は，古典的なアプローチと現役の生態学者が必要とする
手法の両方を網羅することである．

　本書で取り上げる標本抽出法は多様だが，生物学的パラメータ（個体群サイ
ズや密度など）や環境パラメータ（化学元素の濃度など）の推定に関する生態
研究の幅広い関心の下では互いに関連している．本書では，様々な状況におけ
る個別の生態標本抽出法が，統計理論によって正当化された推定の手続きとど
のように関連づけられるかということに重点をおいて説明する．

1.2　本書の範囲と内容

　本書では，生態学の標本抽出法と得られたデータの解析法を紹介する．入門
課程で標準的な統計手法に関する基礎知識を身に付けていても，これらの手法
が生態学でどのように適用されるかはあまりわからず，また生態学のデータの
ために特別に開発されたより専門的な手法については知識を持たない読者を想
定している．この本は入門書に過ぎないため，各章で説明される多くの手法を
用いるためには，より専門的な教科書を読む必要があるかもしれない．場合に
よっては，特別な統計パッケージの使い方に関する講義を受ける必要もあるだ
ろう．

　本書は，本章に加えて 10 の章から構成される．本章ではこれ以降，10 の章
の内容と，各章がこの本に組み込まれている理由を簡単に説明する．

　第 2 章「標準的な標本抽出法と解析法」では，50 年以上にわたり生態学やそ
の他の分野で利用されてきた伝統的な手法に加えて，これらの分野における新
たな発展をいくつか取り上げる．これらの手法はいずれも，関心のある特定の
母集団があり，その母集団は関心のある多数の要素から構成されていることを
前提としたものである．たとえば，ある国立公園における，ある種の植物の全
体を母集団として，その公園内の 1 平方メートル当たりに生育する当該植物の
数に関心のある状況を考えよう．こうした状況では，通常，費用がかかりすぎ
るので母集団全体の情報を得ることはできない．そのため，母集団から標本抽
出を行い，得られた標本から関心のある変数を推定する必要がある．植物個体
群の場合，国立公園全体から 1 メートル四方の区画を無作為に標本抽出し，標

本区画で観測された密度を用いて公園全体の密度を推定できる．この時，観測された密度と真の密度の差の大きさも見積もられる．第2章では，こうした無作為標本抽出法による推定について説明するとともに，母集団の異なる部分を個別に標本抽出する層別標本抽出法など，推定の改善を目的としたいくつかの手法を解説する．

　第3章「適応標本抽出」では，母集団からの最初の標本抽出の結果を用いて，その後に標本抽出する場所を決定する方法を説明する．こうした手続きは，より効率的な標本抽出につながると考えられる．他の適応標本抽出法よりも詳しく説明する適応クラスター標本抽出では，関心のある領域をコドラートに分割してその無作為標本を取得し，関心のある対象が存在する場所か，または対象の数がある閾値を超えたコドラートに隣接する場所からより多くの標本を取得する．同様に，適応二相標本抽出では，母集団のうち，地理的領域の異なる部分（層）から標本抽出を行い，最初の標本抽出の結果に基づいてさらに標本を取得する場所を決定する．2回目の標本抽出は，母集団の中でもより多くの標本抽出が有益な場所で行えるだろうと考えるのである．第3章で紹介する手法は大抵の場合，領域内の動植物の総数か単位面積当たりの密度のいずれかを推定するために用いられる．

　第4章「ライントランセクト標本抽出」では，1人以上の観測者が関心のある領域内の経路に沿って移動し，観測した対象（動物や植物）の数と経路からの距離を記録する状況を主に考える．地上の道筋に沿って移動する，飛行機に乗って地上の物体を観測する，海や湖の上を船で移動して発見した対象を記録する，などが典型的な例である．一般に，対象の検出確率は経路からの距離に依存し，経路から離れたところにある対象の検出確率は低いと仮定される．この検出関数はデータから推定され，それに基づき，経路から一定距離内の対象の総数と経路周辺の単位面積当たりの対象の密度が推定される．この標本抽出法は，関心のある領域内のコドラートを無作為に標本抽出するなどの代替法が，何らかの理由で現実的でない場合に用いられることが多い．

　第5章「除去法と比の変化法」では，動物の個体群サイズを推定するための2つの方法を説明する．除去法は，動物個体群から標本を複数回取得する手法である．捕獲された動物は除去されるか，または再び捕獲した際に以前も見た

個体であることがわかるよう標識することで，事実上「除去」される．閉鎖個体群（標本抽出の間に動物の出入りがない個体群）を仮定すると，標本抽出のたびに個体群に残された動物の数は減少するため，除去されうる動物の数は時間とともに減少し，十分な標本を取得した後にはゼロになる．この場合には，標本として除去された動物の総数が個体群サイズに一致する．ただし，個体群サイズを推定するために，必ずしも全ての動物を除去する必要はない．第5章では，捕獲されていない動物がいる場合にも，何回かの標本抽出の結果から動物個体群の個体数を推定できる方法を説明する．比の変化法も除去法に似ているが，比の変化法は個体群の中に雄と雌，幼虫と成虫のように，2種類以上の型がある場合を想定したものである．標本抽出を行い，動物の1つの型の一定数を除去するか，除去されたとみなせるよう標識する．続いて2回目の標本抽出を行えば，1回目の標本抽出の際の個体群サイズと2回目の標本抽出の際の個体群サイズ（単に1回目の標本サイズから除去した動物の数を引いたもの）を推定できるようになる．除去法と比の変化法はどちらも，第7章で説明する標識再捕法と密接に関係する．

　第6章「区画なし標本抽出」は，定義された領域内における樹木などの対象について，領域をある大きさの区間に分割して無作為に標本抽出したり，第2章から第5章で述べた方法で領域を標本抽出したりすることなく，その密度を推定する方法である．代わりに，関心のある領域内の点を無作為または系統的に選択し，各点から最も近い対象までの距離と，場合によってはさらに，その対象から最も近い，またはk番目に近い対象までの距離を測定する．こうした標本抽出法には様々な方法が提案されており，第6章ではそのうちの2つを詳しく説明する．1つ目はTスクエア標本抽出である．この方法では，領域内で標本抽出点を選択した後，その点から最も近い対象までの距離を測定する．続いて，最初の点から対象までの直線に対して直角に，対象の位置を通る直線を設定し，最初の点から離れた側にある最も近い別の対象までの距離を測定する．対象の位置の分布は，関心のある領域内で少なくとも近似的には無作為であると仮定すれば，領域内の多数の点について測定された2つの距離（点から第1の対象までの距離と，第1の対象から最も近い別の対象までの距離）に基づいて領域全体の対象の密度を推定できる．第6章で説明する方法の2つ目

は，ワンダリング・クオーター標本抽出である．この方法ではまず，関心のある領域内で点を無作為に選択する．次に方向（西など）を選択し，90°の角度内（南西から北西）で最も近い対象を探して，その対象の南西から北西方向にある次の対象までの距離を測定する．距離を n 回測定するまでこの手続きを続ける．測定された距離に基づいて，標本抽出された領域内の対象の密度を推定できる．

　第7章「標識再捕標本抽出と閉鎖個体群モデルの概要」では，（標本抽出の間に動物の増減がない）閉鎖個体群を対象とした標識再捕法を取り上げる．閉鎖個体群の手法では，まず捕獲した動物に標識を付けて解放するという最初の標本抽出を行い，その後，同様に捕獲した動物を標識・解放する標本抽出を複数回行う．捕獲過程に関する一定の仮定の下で，個体群サイズを推定できる．

　第8章「開放個体群の捕獲再捕獲法モデル」では，個体の減少（死亡と移出）と増加（出生と移入）によって，標本抽出の間に個体群サイズが変化しうる状況を扱う．開放個体群の標本抽出過程は閉鎖個体群と似ているが，一般にはより多くの標本が取得される．この方法では最初と最後を除く各標本抽出時点における個体群サイズ，最後の2つを除く各標本抽出時点の間の生存率と個体群への加入数を推定できる．これらもまた，捕獲の過程と生存率，個体群への加入数に関する一定の仮定の下で推定される．第8章では，データ解析の古典的な方法と，より最近の発展について説明する．また，死んだ動物の回収に基づくデータを解析する方法も解説する．

　第9章「占有モデル」では，異なる地点で記録された種の在・不在データがあるが，一部の不在は，種が存在していたが検出されなかったことが疑われる状況を扱う．この状況は，地点の特性に基づいて種が存在する確率をモデル化すると同時に，種が存在する場合に種を検出できる確率についても同様に，地点の特性に基づいてモデル化するという着想につながる．こうしたモデルでは，各地点で複数回の標本抽出を行う必要がある．なぜなら，ある地点での複数回の標本抽出の中で少なくとも一度は種を観測できれば，種が本当に存在する時に種を検出できる確率に関する情報を得られるからである．サイト占有モデルはもともと，在・不在を扱うために用いられていたが，現在では，不在と，繁殖を伴う在，および繁殖を伴わない在など，種の存在について2つ以上の可

能性がある状況も扱えるよう拡張されている．第9章では，こうした状況や，時間によって地点の状態が変化するような状況についても解説する．

　第10章「環境モニタリングに対する標本抽出デザイン」では，地域レベル，国レベル，国際レベルで環境変数の変化を追跡するための調査で用いられる，様々な標本抽出の方法を説明する．こうした類のモニタリングと，懸念される問題によって生じうる変化を調べるために通常行われる短期間の研究（原油流出事故の悪影響を評価するための調査など）との違いについても言及する．この章では，環境モニタリングに用いられる様々な種類の空間デザインと，個々の地点での反復標本抽出によって各地点の経時変化の追跡を可能とするデザインについて解説する．

　最後に，第11章「トレンド解析のモデル」では，多数の標本抽出地点で長期間にわたり反復して観測がされており，個々の地点での変化と，観測地点で覆われた地理的領域全体での変化の両方に関心がある場合に適切な解析法について詳しく解説する．この章では，データのトレンドを調べるための種々の単純な解析法と図を用いた方法，および2つのモデル化のアプローチを説明する．1つ目のアプローチは，線形回帰を用いて個々の標本抽出地点のトレンドを調べ，その結果を組み合わせて全地点の全体的なトレンドを調べるものである．2つ目のアプローチは，混合モデルと呼ばれるものを用いて，全地点のデータをまとめて1つの解析を行うものである．この手法では，基本的に，個々の地点のトレンドは全体的なトレンドから確率的に異なったものとして表現される．この章では，魚類の水銀濃度に関するデータセットを用いて手法の例を示す．ある湖から無作為に選ばれた10地点で12年間，毎年標本抽出を行うことで得られたデータである．

2

標準的な標本抽出法と解析法

Bryan Manly

2.1 はじめに

　多くの場合，生態標本抽出（ecological sampling）の目的は，生物学的集団を構成する個々の標本単位の特性を要約することにある．関心のある特性の例として，ある地域の個体群における個々の動物の体重や性などが考えられる．こうした特性は，動物の体重の平均と標準偏差の推定値や，雌の割合の推定値によって要約される．

　統計学では，関心のある要素全体の集まりを**母集団**（population）と定義する．ここでの要素は，個々の動植物でもよいし，土地の小区画や岩の破片，動物のグループなどでも構わない．統計理論の観点からは，母集団を構成する要素が適切な手続きで標本抽出されることが重要である．そのため，要素は**標本単位**（sample unit）と呼ばれることが多い．母集団サイズが十分に小さいため，全ての要素を調べられる場合もありうる．こうした調査を**悉皆調査**（census）と呼ぶ．しかし，生態学的に関心のある母集団のほとんどは，悉皆調査を行うことが非現実的な大きさである．

　母集団を要約するために用いる量を**母集団パラメータ**（population parameter）と呼び，対応する標本値を**統計量**（statistic）と呼ぶ．たとえば，母集団平均（パラメータ）は，標本平均（統計量）を用いて推定される．同様に，雌

の母集団割合（パラメータ）は，標本割合（統計量）を用いて推定される．

2.2　単純無作為標本抽出

　得られた標本に基づいて母集団パラメータに関する推測を行う場合には，確率法則を基礎とした推測を行えるよう，無作為標本抽出（random sampling）を用いることが重要である．無作為標本抽出は，調査対象の単位を無計画に選択することではない．むしろ無作為標本抽出とは，単位を選択する際に，明確に定められ，慎重に実施される無作為化の手続きを用いることで，（単純な応用の場合，）決められた大きさの標本として取りうるものの全てが，等しい確率で選ばれることを保証するものである．

　とは言え，生態標本抽出では，標本単位の厳密な無作為選択が常に可能であるとは限らない．本章や他の章ではこの問題をさらに議論するが，当面は，真に無作為な標本抽出が可能であることを想定する．

　無作為標本抽出では，取りうる標本の全てが実現する可能性があるため，得られる標本単位は明らかに，無計画に標本抽出されたものと全く同じになる場合がある．つまり，得られる特定の標本単位ではなく，標本抽出の手続きの特性こそが無作為標本抽出の価値の本質であることを理解してほしい．実際，無作為標本抽出の結果が十分に代表的なものに見えないことに違和感を覚えることはめずらしくない．しかし，標本を選択するための手続きが適切に定義され，適切に実施されている限り，そうした標本に対する異議を認めることは妥当でない．

　単純無作為標本抽出では，各標本単位の選択される確率が等しくなくてはならない．単純無作為標本抽出には，復元標本抽出（すでに標本に含まれる単位とは無関係に，母集団全体から標本単位が選択される）と，非復元標本抽出（個々の標本単位は多くても1度しか標本に含まれない）がある．一般に，復元標本抽出よりも非復元標本抽出のほうが母集団パラメータの推定精度がやや高いため，望ましい．ただし，標本サイズに比べて母集団サイズがはるかに大きい場合には，2つの標本抽出法の差は大きくない．

例2.1 広い調査領域での植物の標本抽出

広い領域で，ある種の植物の密度を推定する必要があるとしよう．1つの方法として，格子を設定して，これにより定まる領域をコドラートとすることが考えられる．例を図2.1に示す．この例では，矩形の調査領域を覆う120のコドラートがある．これらのコドラートは，関心のある母集団を構成する標本単位である．こうした標本単位の一覧を標本抽出枠（sampling frame）と呼ぶことがある．

次に，標本サイズnを決める必要があるだろう．つまり，コドラート当たり植物数の母集団平均を満足できる精度で推定するために，いくつのコドラートを無作為に標本抽出すべきだろうか？標本サイズを選ぶ方法は別の部分で説明するが，この例では標本サイズ12が必要だと仮定しよう．

乱数標本を得る方法には様々なものがある．人間の頭の中に乱数生成器は存在しないため，単に数字を考えるような方法は許されない．この例に適用できる方法の1つは，（図2.1のように）母集団のコドラートに1から120までの番号を付け，計算機で1から120までの範囲で乱数を12個生成して標本を選ぶ，というものである．計算機が生成する0から1の範囲の乱数をRとすると，$Z = \mathrm{MIN}[120, \mathrm{INT}(R \times 120 + 1.0)]$は1から120の範囲の整数乱数である．ここで，関数$\mathrm{INT}(x)$はxの整数部分を与え，関数$\mathrm{MIN}(a, b)$はaとbの最小値を与えるものとする．最小値関数は，$R = 1$が生じて$\mathrm{INT}(R \times 120 + 1.0) = 121$となる場合を想定して使われている．

1	2	3	4	5	6	7	8	9	10
11	12	13	14	15	16	17	18	19	20
21	22	23	24	25	26	27	28	29	30
31	32	33	34	35	36	37	38	39	40
41	42	43	44	45	46	47	48	49	50
51	52	53	54	55	56	57	58	59	60
61	62	63	64	65	66	67	68	69	70
71	72	73	74	75	76	77	78	79	80
81	82	83	84	85	86	87	88	89	90
91	92	93	94	95	96	97	98	99	100
101	102	103	104	105	106	107	108	109	110
111	112	113	114	115	116	117	118	119	120

図2.1 標本単位となる120のコドラートに分割された矩形の調査領域．コドラートの数字は，関心のある変数の値ではなく，無作為標本抽出に用いられる番号である．

表2.1　0, 1, . . . , 9 が各桁に等しい確率で生じるように数字が選択された乱数表.

1252	9045	1286	2235	6289	5542	2965	1219	7088	1533
9135	3824	8483	1617	0990	4547	9454	9266	9223	9662
8377	5968	0088	9813	4019	1597	2294	8177	5720	8526
3789	9509	1107	7492	7178	7485	6866	0353	8133	7247
6988	4191	0083	1273	1061	6058	8433	3782	4627	9535
7458	7394	0804	6410	7771	9514	1689	2248	7654	1608
2136	8184	0033	1742	9116	6480	4081	6121	9399	2601
5693	3627	8980	2877	6078	0993	6817	7790	4589	8833
1813	0018	9270	2802	2245	8313	7113	2074	1510	1802
9787	7735	0752	3671	2519	1063	5471	7114	3477	7203
7379	6355	4738	8695	6987	9312	5261	3915	4060	5020
8763	8141	4588	0345	6854	4575	5940	1427	8757	5221
6605	3563	6829	2171	8121	5723	3901	0456	8691	9649
8154	6617	3825	2320	0476	4355	7690	9987	2757	3871
5855	0345	0029	6323	0493	8556	6810	7981	8007	3433
7172	6273	6400	7392	4880	2917	9748	6690	0147	6744
7780	3051	6052	6389	0957	7744	5265	7623	5189	0917
7289	8817	9973	7058	2621	7637	1791	1904	8467	0318
9133	5493	2280	9064	6427	2426	9685	3109	8222	0136
1035	4738	9748	6313	1589	0097	7292	6264	7563	2146
5482	8213	2366	1834	9971	2467	5843	1570	5818	4827
7947	2968	3840	9873	0330	1909	4348	4157	6470	5028
6426	2413	9559	2008	7485	0321	5106	0967	6471	5151
8382	7446	9142	2006	4643	8984	6677	8596	7477	3682
1948	6713	2204	9931	8202	9055	0820	6296	6570	0438
3250	5110	7397	3638	1794	2059	2771	4461	2018	4981
8445	1259	5679	4109	4010	2484	1495	3704	8936	1270
1933	6213	9774	1158	1659	6400	8525	6531	4712	6738
7368	9021	1251	3162	0646	2380	1446	2573	5018	1051
9772	1664	6687	4493	1932	6164	5882	0672	8492	1277
0868	9041	0735	1319	9096	6458	1659	1224	2968	9657
3658	6429	1186	0768	0484	1996	0338	4044	8415	1906
3117	6575	1925	6232	3495	4706	3533	7630	5570	9400
7572	1054	6902	2256	0003	2189	1569	1272	2592	0912
3526	1092	4235	0755	3173	1446	6311	3243	7053	7094
2597	8181	8560	6492	1451	1325	7247	1535	8773	0009
4666	0581	2433	9756	6818	1746	1273	1105	1919	0986
5905	5680	2503	0569	1642	3789	8234	4337	2705	6416
3890	0286	9414	9485	6629	4167	2517	9717	2582	8480
3891	5768	9601	3765	9627	6064	7097	2654	2456	3028

　非復元標本抽出を用いるべきなので，同じコドラートが複数回選ばれないようにする必要がある．そのため，繰り返し選ばれたコドラートは無視しながら，12個の異なるコドラートが選択されるまで整数乱数の生成を続ける．

　標本単位の選択に，表2.1のような乱数表を用いてもよい．この表を使う際には，まず，表の任意の場所を指定する（たとえば，8行目の先頭を選んだとしよう）．次に，4桁の各要素の最初の3桁を見る．この例では，569, 362, 898, 287, 607, 099, 681, 779, 458, 883, 181, 001, 927, 280, 224, 831, 711, 207, 151, 180, 978, 773, 075, 367, 251, 106, 547, 711, 347, 720, 737, . . . という系列が得られる．1から120までの範囲の数字のうち，最初に現れる12個（99, 1, 75, . . . など）がコドラートの単純無作為標本となる．

　標本コドラートが決まったら，各コドラートに含まれる植物の数を調べる．12の標本コドラートの平均値が，調査領域全体におけるコドラート1つ分の面積当たりの平均植物数の推定値となる．その誤差の大きさは，次に説明する方法で求められる．必要であれば，この推定値と誤差を，1平方メートル当たりの植物数や，その他関心のある密度指標に変換することも可能である．

2.3　平均の推定

　N 個の標本単位からなる母集団から大きさ n の単純無作為標本を選択し，関心のある変数 Y の標本値が $y_1, y_2, \ldots, y_n$ であったと仮定しよう．頻繁に計算される標本統計量として，標本平均（sample mean）

$$\bar{y} = \frac{y_1 + y_2 + \cdots + y_n}{n} = \frac{\sum_{i=1}^{n} y_i}{n} \tag{2.1}$$

および標本分散（sample variance）

$$s^2 = \frac{\sum_{i=1}^{n}(y_i - \bar{y})^2}{n-1} \tag{2.2}$$

がある．ここで s は標本標準偏差（sample standard deviation；標本分散の平方根）である．また，変動係数（coefficient of variation）の推定値は $\widehat{\mathrm{CV}}(y) = s/\bar{y}$ である．標本推定値であることを示すために，キャレット^を用

いている点に注意してほしい．これは統計学の一般的な慣例であり，本章でも頻繁に現れる．

　変動係数は，単に CV と呼ばれることが多い．また，$100s/\bar{y}$ として平均値に対する標準偏差の百分率として表す場合も多い．

　標本平均は，母集団の N 個の標本単位全てに関する Y の平均，すなわち母集団平均（population mean）μ の推定値である．差 $\bar{y} - \mu$ を標本抽出誤差（sampling error）と呼ぶ．標本抽出の過程を繰り返すと，標本ごとに標本抽出誤差の値は変動する．単純無作為標本抽出を多数繰り返すと，標本抽出誤差の平均はゼロになることが理論的に示される．つまり，標本平均は母集団平均の不偏推定量（unbiased estimator）である[1]．

　また，単純無作為標本抽出を繰り返して得られる $\bar{y}$ の分布の分散は，以下のようになることが理論的に示される．

$$\mathrm{Var}(\bar{y}) = \frac{\sigma^2}{n}\left(1 - \frac{n}{N}\right) \tag{2.3}$$

ここで，σ^2 は母集団の N 個の標本単位の Y の値の分散である．この式の係数 $(1 - n/N)$ を有限母集団修正（finite population correction）と呼ぶ．$\mathrm{Var}(\bar{y})$ の平方根は一般に，標本平均の標準誤差（standard error）と呼ばれ，$\mathrm{SE}(\bar{y})$ と表される．

　式 (2.3) は，統計学の標準的な入門課程を学んだ人にとって見覚えのないものかもしれない．こうした課程では，母集団サイズ N が無限大で，したがって $n/N = 0$ で $\mathrm{Var}(\bar{y}) = \sigma^2/n$ の場合を考えるのが普通である．このことからわかるように，式 (2.3) は，よく用いられる標本平均の分散の式より一般的なものである．

　標本平均の分散は次のように推定される．

$$\widehat{\mathrm{Var}}(\bar{y}) = \frac{s^2}{n}\left(1 - \frac{n}{N}\right) \tag{2.4}$$

この量の平方根は平均の標準誤差の推定値である．

---

1)【訳注】未知のパラメータ値の推定に用いる統計量を推定量と呼ぶ．推定量の期待値がパラメータの値に等しい場合，推定量は不偏であるという．

$$\widehat{\mathrm{SE}}(\bar{y}) = \sqrt{\frac{s^2}{n}\left(1 - \frac{n}{N}\right)} \tag{2.5}$$

平均値の CV の推定値は $\widehat{\mathrm{CV}}(\bar{y}) = \widehat{\mathrm{SE}}(\bar{y})/\bar{y}$ である.

平均の標準誤差と**標準偏差**の 2 単語について初めて学ぶ際は, これらを混同してしまうことも多い. 平均の標準誤差は, 個々の観測値の標準偏差ではなく, むしろ平均値の標準偏差を表すということを覚えておこう. より一般に, **標準誤差**という用語は, 母集団パラメータの推定に用いる任意の標本統計量の標準偏差を表すのに使用される.

平均の CV は, 平均の大きさに対する推定の精度を表す指標である. これを用いることで, 複数の研究結果を比較して, どの研究が他の研究より相対的に精度が優れているかを確認できる. 研究で求められる精度を定義するために用いられることも多い. たとえば, 浜辺に生息する貝の一種の個体群サイズを推定する場合に, 20% 未満の CV で推定することが求められるかもしれない. 実際には, $100\widehat{\mathrm{SE}}(\bar{y})/\bar{y} < 20$ であるかどうかは標本抽出の後にわかるはずである.

上で定義した統計量の計算例として, 大きさ $N = 100$ の母集団から大きさ $n = 5$ の無作為標本を選択し, 標本の値が $1, 4, 3, 5, 8$ だったとしよう. この時, $\bar{y} = 4.20$, $s^2 = 6.70$ なので, $s = \sqrt{6.70} = 2.59$, $\widehat{\mathrm{CV}}(y) = 2.59/4.20 = 0.62$, $\widehat{\mathrm{Var}}(\bar{y}) = (6.70/5)(1 - 5/100) = 1.27$, $\widehat{\mathrm{SE}}(\bar{y}) = \sqrt{1.27} = 1.13$, $\widehat{\mathrm{CV}}(\bar{y}) = 1.13/4.20 = 0.27$ である. これらの計算は小数点以下 2 桁まで行われている. 一般的な規則として, 統計量は元のデータより少なくとも小数点以下 1 桁多く値を求めるのが妥当である. つまりこの例では, 少なくとも小数第 1 位までの結果は報告すべきである.

母集団平均の推定における標本平均の精度は, 次の形の $100(1 - \alpha)\%$ 信頼区間で表されることが多い.

$$\bar{y} \pm z_{\frac{\alpha}{2}}\widehat{\mathrm{SE}}(\bar{y}) \tag{2.6}$$

ここで, $z_{\frac{\alpha}{2}}$ は, 標準正規分布の下でその値を超える確率が $\alpha/2$ となる値である. 信頼度に対応して頻繁に用いられる z の値は, 50% の信頼度で $z_{0.25} = 0.68$, 68% の信頼度で $z_{0.16} = 1.00$, 90% の信頼度で $z_{0.05} = 1.64$, 95% の信頼度

で $z_{0.025} = 1.96$，99% の信頼度で $z_{0.005} = 2.58$ である．信頼区間の意味は，個別の事例を考えると最も良く理解できる．たとえば，区間 $\bar{y} \pm 1.64\widehat{\text{SE}}(\bar{y})$ には，約 0.90 の確率で真の母集団平均が含まれる．言い換えると，このように計算された区間の約 90% に，母集団平均の真値が含まれることになる．

　式 (2.6) の区間は大きな標本に対してのみ有効である．小さな標本（たとえば $n < 20$）に対しては以下を用いるほうが良い．

$$\bar{y} \pm t_{\frac{\alpha}{2}, n-1} \widehat{\text{SE}}(\bar{y}) \tag{2.7}$$

ここで $t_{\frac{\alpha}{2}, n-1}$ は，自由度が $n-1$ の t 分布の下でその値を超える確率が $\alpha/2$ となる値である．これは，母集団において測定される変数が概ね正規分布に従うと仮定できる場合に有効である．そうでない場合に対しては，厳密な信頼区間を計算する簡単な方法がない．

2.4　総計の推定

　生態学では，標本単位当たりの平均値より，母集団における全ての値の総計に関心のある場合が多い．たとえば，ある領域に生息する植物全体の成長量を知ることが，個々の植物の平均的な成長量を知ることより重要な場合があるかもしれない．同様に，動物の群れが食べた餌の総量を知ることが，動物 1 頭当たりの平均採餌量を知ることより重要な場合もありうる．

　母集団総計 (population total) は，母集団サイズ N がわかっており，平均の推定値が得られていれば簡単に推定できる．たとえば，500 頭の動物がいて，一頭につき平均 25 kg の餌が必要だと推定される場合，全体では $500 \times 25 = 12,500$ kg の飼料が必要になることは自明だろう．母集団における変数 Y の総計を推定するために適用される一般的な方程式は，標本単位当たりの平均と標本単位の数の積である．

$$\widehat{T}_y = N\bar{y} \tag{2.8}$$

$\widehat{T}_y$ の標本抽出分散は次のようになる．

$$\text{Var}(\widehat{T}_y) = N^2 \text{Var}(\bar{y}) \tag{2.9}$$

また，標準誤差（すなわち標準偏差）は以下の通りである．

$$\mathrm{SE}(\widehat{T}_y) = N\mathrm{SE}(\bar{y}) \tag{2.10}$$

分散と標準誤差の推定値はそれぞれ，$\widehat{\mathrm{Var}}(\widehat{T}_y) = N^2\widehat{\mathrm{Var}}(\bar{y})$ と $\widehat{\mathrm{SE}}(\widehat{T}_y) = N\widehat{\mathrm{SE}}(\bar{y})$ である．

母集団の真の総計に対する近似 $100(1-\alpha)\%$ 信頼区間の計算は，前節で説明した母集団平均の信頼区間を求めるための方法と基本的に同様である．たとえば，近似 95% 信頼区間は以下の通りである．

$$\widehat{T}_y \pm 1.96\widehat{\mathrm{SE}}(\widehat{T}_y) \tag{2.11}$$

> ### 例2.2　帯状トランセクトの標本抽出による総計の推定
>
> 　帯状トランセクトの標本抽出により，ある調査領域におけるシカの糞塊数を推定したいとしよう．そのために，調査領域全体を幅 3 m，長さ 20 m の 5,808 本の帯状トランセクトで被覆し，非復元無作為標本抽出により，そのうちの 20 個を選択すると仮定する．標本トランセクトのそれぞれで慎重な調査を行い，糞塊の数を記録する．
>
> 　この手続きの結果，トランセクト当たりの糞塊数の平均が $\bar{y} = 5.55$，標準偏差が $s = 3.75$ であったとすると，$\bar{y}$ の標準誤差の推定値は $\widehat{\mathrm{SE}}(\bar{y}) = \sqrt{(3.75^2/20)(1 - 20/5{,}808)} = 0.837$ である．調査領域全体の糞塊の総計の推定値は $\widehat{T}_y = N\bar{y} = 5{,}808 \times 5.55 = 32{,}234.4$，標準誤差の推定値は $\widehat{\mathrm{SE}}(\widehat{T}_y) = N\widehat{\mathrm{SE}}(\bar{y}) = 5{,}808 \times 0.837 = 4{,}861.3$ である．最後に，糞塊の真の総計に対する近似 95% 信頼区間は $32{,}234.4 \pm 1.96 \times 4{,}861.3$ であり，最も近い整数に丸めると，区間の下限と上限は 22,706 と 41,763 である．

2.5　平均の推定における標本サイズ

　研究計画において重要な検討事項の 1 つは，標本サイズの設定である．標本は，関心のある母集団パラメータの推定精度が適切となるよう十分に大きくなければならないが，不必要に大きくすべきではない．標本サイズは，利用可能な資源と求められる推定量の特性に応じて決められるが，ほとんどの研究は利

用可能な資源に最も大きく左右される．場合によっては，利用可能な資源では
十分に正確な推定ができないこともある．その場合，研究を進めるべきかどう
か，または関心のあるパラメータについて所望の情報を得られる別の方法がな
いか，真剣に検討する必要がある．

　研究に相応しい標本サイズを決める方法には様々なものがある．たとえば，
適切なある小さな値を d として，得られる平均値の 95% 信頼区間が $\bar{y} \pm d$ とな
るように決める方法がある．これは絶対的な精度を基準とするものである．あ
るいは，平均値の CV，すなわち $\mathrm{CV}(\bar{y}) = 100\mathrm{SE}(\bar{y})/\mu$ によって精度を指定す
る場合もありうる（たとえば，$\mathrm{CV}(\bar{y})$ が 20% 未満になるように設定する）．こ
れは，母集団平均に対する相対的な精度を基準とするものである．CV を用い
た方法は，多数の異なる量が推定対象であり，真の母集団平均が大きく異なる
場合に特に有用である．

　平均について $\bar{y} \pm d$ の $100(1-\alpha)$% 信頼区間を得るためには，式（2.6）よ
り，$z_{\frac{\alpha}{2}} \widehat{\mathrm{SE}}(\bar{y}) = d$，つまり $z_{\frac{\alpha}{2}} \sqrt{(s^2/n)(1-n/N)} = d$ を満たす必要がある．
この式を n について解くと以下を得る．

$$n = \frac{z_{\frac{\alpha}{2}}^2 s^2}{d^2 + z_{\frac{\alpha}{2}}^2 s^2/N} \tag{2.12}$$

標準偏差 s は事前にはわからないので，たとえばすでに得られている標本の値
を用いるなどして，その値の見当をつける必要がある．

　母集団サイズ N が大きな場合には，式（2.12）は次のように単純化される．

$$n = \left(\frac{z_{\frac{\alpha}{2}} s}{d} \right)^2 \tag{2.13}$$

式（2.13）は，母集団サイズ N の値によらず式（2.12）より大きな n の値を与
えるという意味で，保守的な式である．

　特定の平均の信頼区間の代わりに決められた CV の値が求められる場合に
は，r をその値として，$\widehat{\mathrm{SE}}(\bar{y})/\bar{y} = r$ を満たすような標本を得なくてはならな
い．両辺を 2 乗すると $(s^2/n)(1-n/N)/\bar{y}^2 = r^2$ となり，$n = (s/\bar{y})^2/\{r^2 +
(s/\bar{y})^2/N\}$，すなわち以下が成り立つ．

$$n = \frac{\widehat{\mathrm{CV}}(y)^2}{r^2 + \widehat{\mathrm{CV}}(y)^2/N} \tag{2.14}$$

この式は，未知の $\widehat{\mathrm{CV}}(y)$ の代わりに母集団の CV の推定値や予想される値を用いて適用される場合がある．母集団サイズ N が大きな場合には，この式は以下のようになる．

$$n = \left(\frac{\widehat{\mathrm{CV}}(y)}{r} \right)^2 \tag{2.15}$$

これは常に式（2.14）より大きな値を与える．

　標準偏差や CV の予想値を用いて式（2.12）から（2.15）を適用した場合，得られる結果は適切な標本サイズの大まかな目安に過ぎないと考えるべきである．とは言え，一般原則として，適切な標本サイズを決めるために何らかの努力をすべきであることは確かである．

　標本サイズに関するここまでの議論はいずれも，関心のある変数を 1 つだけ考えているが，ほとんどの研究ではいくつかの異なる変数を同時に考慮する必要がある．全ての変数でほぼ同じ大きさの標本が必要になる場合には，最も多くの標本を要する変数に合わせて標本サイズを決めればよいだろう．しかし，利用可能な資源の範囲内ではそれが難しい場合には，標本サイズをいくらか小さくしなければならず，一部の変数については本来の希望よりも低い精度で推定せざるを得ないかもしれない．

例 2.3　帯状トランセクトの標本抽出における標本サイズの決定

　　ワイオミング州中央部のシカの冬期死亡率に関する予備調査では，長さ 1 km，幅 60 m の帯状のトランセクトを歩くことで死亡個体が探索された．無作為に選ばれた 36 個のトランセクトで 12 頭のシカの死骸が見つかった．トランセクト当たりの標本平均は $\bar{y} = 12/36 = 0.333$ 頭，標本標準偏差は $s = 0.828$ 頭であった．したがって，トランセクト当たり計数値の百分率 CV の推定値は，$\widehat{\mathrm{CV}}(y) = 100 \times 0.828/0.333 = 248.6\%$ である．

　　本調査の目標は，トランセクト当たりの死亡個体数の母集団平均を，15% の CV で推定することだとしよう．$N = 50{,}000$ 個程度のトランセクトがあるとすると，式（2.14）より，この目標を達成するために標本抽出する必要のあるトランセクトの数は，$n = 2.486^2/(0.15^2 + 2.486^2/50{,}000) = 273.2$，つまり 273 個であることがわかる．母集団サイズ N は非常に大きいので，式（2.15）の結果は $n = 2.486^2/0.15^2 = 274.7$ でほぼ同じとなる．

2.6 標本調査の誤差

　一般に，科学研究には誤差や変動の要因が4つある（Cochran, 1977）．第一に，観測値は標本単位ごとに変動するため，一般に，無作為標本が異なれば母集団パラメータの推定値も違ったものとなる．この変動は，単に標本抽出誤差によるものである．第二に，調査方法が一様でないことによって誤差が生じうる．測定の手続きが偏っていたり，不正確であったり，またはその両方であったりする場合がある．観測の仕方のみで，この類の測定誤差が生じる．たとえば，漁師が獲った魚の体長や体重を誤って報告したり，人間の被験者が自分の年齢や体重を偽ったり，測定器が正しく校正されていなかったりする場合がありうる．第三に，標本の一部を測定できなかったために，データが欠測している場合がある．これは，欠測値に何らかの特徴がある場合には偏りを生じてしまう．たとえば，植生調査では，アクセスが難しい一部の標本区画において関心のある植物の密度が高いような場合が実際にありうる．最後に，データの記録や入力，編集の過程で誤りが生じる可能性がある．

　統計推測は標本抽出誤差とその影響を理解することで成り立っているが，それは，標本抽出誤差がそれ以外の誤差よりもはるかに重要であるという仮定に基づいている．しかし実際には，研究デザインに細心の注意を払い，十分に文書化され，統制された標本抽出の手続きを行わない限り，他の3種類の誤差が標本抽出誤差より重要になってしまう場合も起こりうる．この点は，研究において，標本抽出が多くの異なる人々によって行われる場合には特に重要である．標本抽出の担当者には，データ収集のあらゆる面に関する入念な訓練が必要である．全員が確実に，一貫した標本抽出法と測定法を用いることが重要である．

2.7 割合の推定

　一般に，ある母集団の中で特定の特徴を持つ標本単位の割合（p）を推定したい場合がありうる．たとえば，標本単位が樹木であれば，特定のサイズ階級

にある樹木の割合に関心があるかもしれない．こうした状況では，単純無作為標本抽出によって観測された割合から，母集団割合（population proportion）を推定できる．

n 個の無作為標本の中で，関心のある特性を持つ標本単位の数を r としよう．この時，標本割合（sample proportion）は $\hat{p} = r/n$ である．その標本抽出分散は

$$\operatorname{Var}(\hat{p}) = \frac{p(1-p)}{n}\left(1 - \frac{n}{N}\right) \tag{2.16}$$

である．したがって，標準誤差（標準偏差）は

$$\operatorname{SE}(\hat{p}) = \sqrt{\frac{p(1-p)}{n}\left(1 - \frac{n}{N}\right)} \tag{2.17}$$

である．式（2.16）と（2.17）には有限母集団修正の係数 $(1 - n/N)$ が含まれている（N は標本抽出の対象となる母集団の大きさを表す）．N が n に対して大きい場合，または N が未知の場合には，通常，この係数は 1 に設定される．

式（2.16）と（2.17）の母集団割合を標本割合 $\hat{p}$ に置き換えることで，分散と標準誤差の推定値が得られる．

$$\widehat{\operatorname{SE}}(\hat{p}) = \sqrt{\frac{\hat{p}(1-\hat{p})}{n}\left(1 - \frac{n}{N}\right)} \tag{2.18}$$

標本サイズが非常に小さい（20 未満など）場合を除けば，この方法により生じる誤差はわずかである．この推定値を用いて，真の割合に対する近似 $100(1 - \alpha)\%$ 信頼区間は次のように表される．

$$\hat{p} \pm z_{\frac{\alpha}{2}}\widehat{\operatorname{SE}}(\hat{p}) \tag{2.19}$$

ここで，以前と同様，$z_{\frac{\alpha}{2}}$ は，標準正規分布の下でその値を超える確率が $\alpha/2$ となる値である．

式（2.19）から生成される信頼限界は，標本割合が概ね正規分布に従うという仮定に基づいている．有用な経験則として，$np(1 - p) \geq 5$ ならばこの仮定は妥当であるということが知られている．Dixon and Massey（1983）などで議論されているように，これが成り立たない場合には別の方法で信頼限界を計算すべきである．

例2.4　キジオライチョウの非繁殖雌の割合の推定

アメリカ合衆国ワイオミング州のある領域でキジオライチョウの雌を調査
した結果, 無作為標本抽出された $n = 120$ 羽のうち, $r = 39$ 羽が繁殖をし
ていないことがわかった. これより, 母集団における非繁殖雌の割合の推定
値は $\hat{p} = 39/120 = 0.325$ である. 母集団サイズ N が標本サイズ 120 に比
べて大きいと仮定すると, 式 (2.18) より, 割合の推定標準誤差は $\widehat{SE}(\hat{p}) = \sqrt{0.325(1 - 0.325)/120} = 0.0428$ となり, したがって, 非繁殖雌の母集団割合
の近似 95% 信頼区間は $0.325 \pm 1.96 \times 0.0428$, すなわち $0.241 \sim 0.408$ となる.

ワイオミング州の別の領域で無作為標本抽出された 88 羽のキジオライチョウ
では, 15 羽が非繁殖であった. そのため, 母集団サイズが標本サイズよりかなり大
きく有限母集団修正は不要であることを同様に仮定すると, $\hat{p} = 15/88 = 0.170$,
$\widehat{SE}(\hat{p}) = \sqrt{0.170(1 - 0.170)/88} = 0.0400$ が得られる. したがって, この
領域の非繁殖雌の割合の 95% 信頼区間は $0.17 \pm 1.96 \times 0.0400$, すなわち
$0.092 \sim 0.248$ である.

2つの標本割合を大まかに比較するためには, 信頼区間が重なっているかどうか
を確認すればよい. ここでは信頼区間がわずかに重なっているので, 非繁殖雌の
割合は2つの領域で異ならないように見える. しかし, 2つの独立な標本割合の差
の分散は個々の分散の和である (すなわち, $\mathrm{Var}(\hat{p}_1 - \hat{p}_2) = \mathrm{Var}(\hat{p}_1) + \mathrm{Var}(\hat{p}_2)$)
ことに注目すると, より正確な比較を行える. 第1の割合 (0.325) と第2の割
合 (0.170) の差 0.155 は母集団の差の推定値となっており, その推定標準誤差は
$\sqrt{0.0428^2 + 0.0400^2} = 0.0586$ である. これに基づくと, 母集団の真の差に対
する 95% 信頼区間は $0.155 \pm 1.96 \times 0.0586$, すなわち $0.040 \sim 0.269$ である.
この信頼区間はゼロを含まないので, 非繁殖雌の割合は2つの領域で異なってい
ると判断できる.

2.8　割合の推定における標本サイズ

大きさ N の母集団から得られた大きさ n の標本に基づく割合の近似 $100(1 - \alpha)$% 信頼区間は, $\hat{p} \pm z_{\frac{\alpha}{2}}\sqrt{\{\hat{p}(1 - \hat{p})/n\}\{1 - n/N\}}$ と表される. したがって,
$\hat{p} \pm d$ と表される信頼区間を得るためには $d = z_{\frac{\alpha}{2}}\sqrt{\{\hat{p}(1 - \hat{p})/n\}\{1 - n/N\}}$

が必要である. n について解くと次のようになる.

$$n = \frac{z_{\frac{\alpha}{2}}^2 \hat{p}(1 - \hat{p})}{d^2 + z_{\frac{\alpha}{2}}^2 \hat{p}(1 - \hat{p})/N} \tag{2.20}$$

この式を用いる際には, $\hat{p}$ についてそれらしいと思われる値か, 以前の標本から得られた推定値を利用する. N が非常に大きい場合や未知の場合, 分母の2番目の項は無視され, 式は次のように単純化される.

$$n = \frac{z_{\frac{\alpha}{2}}^2 \hat{p}(1 - \hat{p})}{d^2} \tag{2.21}$$

もし事前にデータがなく, $\hat{p}$ の値もわからない場合, 最も悪い状況である $\hat{p} = 0.5$ を仮定すればよい. この値を式 (2.20) に代入すると, $\hat{p}$ が 0.5 の場合を除いて, 必要以上に大きな標本サイズが得られる.

例2.5 キジオライチョウの雌の標本抽出における標本サイズの決定

式 (2.20) の使い方を説明するために, 先に述べたワイオミング州におけるキジオライチョウの雌の調査を再考しよう. 90% 信頼区間が標本割合 ±0.05 となるように, 非繁殖雌の割合を推定したい. 2回の調査のうち, 1回目の調査での推定値は $\hat{p} = 0.325$ であり, 標本抽出を行った領域には約 1,000 羽の雌がいると仮定する. これを式 (2.20) に代入すると次のようになる.

$n = 1.64^2 \times 0.325(1 - 0.325)/\{0.05^2 + 1.64^2 \times 0.325(1 - 0.325)/1{,}000\}$
$= 190.9$

つまり, 適切な標本サイズは 191 である. 実際の応用ではおそらく, $n = 200$ に丸められて, 必要よりもわずかに良い推定値を得ることになるだろう.

2.9 層別標本抽出

単純無作為標本抽出では, 特に標本サイズが小さい場合に, 偶然性の影響が非常に大きくなってしまう. たとえば, 異なる地理的領域で標本抽出された

単位の数が各領域の母集団サイズと対応せず，母集団の一部が過小，または過大に標本抽出されてしまうことがある．単純無作為標本抽出の利点を保ちつつ，この潜在的な問題を解決する方法の1つは，層別標本抽出（stratified sampling）を用いることである．層別標本抽出では，重複のない層（strata）に母集団の単位が分割され，これらの層のそれぞれから独立に単純無作為標本を選択する．

　このより複雑な標本抽出法を用いると，何も失わずに何らかの得をする場合が多い．第一に，同じ層に属する要素が互いに類似している場合には，母集団の全体平均の推定値の標準誤差が，同じ大きさの単純無作為標本から得られる標準誤差よりも小さくなる．第二に，異なる層の母集団パラメータを個別に推定することに価値があるかもしれない．第三に，層別化によって母集団の異なる部分を異なる方法で標本抽出できるようになり，一定のコスト削減が可能になるかもしれない．

　一方，層別標本抽出は，標本単位の層への割当てに誤りがある場合には問題である．こうした問題は，たとえば，不正確な地図を用いて割当てを行った場合などに生じる．野外調査で標本単位を訪れた時に，一部の標本単位が期待された層に存在しないことが判明するかもしれない．もしこれらの単位を正しい層に再分類してしまうと，新しい層内において単位が標本抽出される確率は全ての単位で等しくならない．つまり，標本抽出のデザインが変わり，何らかの推定バイアスが生じる可能性がある．層別標本抽出に関するもう1つの問題は，データが収集された後に，他の何らかの形の層別化を用いた解析や，データが単純無作為標本抽出から得られると仮定した解析を行いたくなる場合があることである．これは常に起こりうることであり，そのため Overton and Stehman（1995）は，層別化は特別な場合を除いて（または全く）利用せず，単純無作為標本抽出を用いることを強く推奨している．

　層別化は一般に，空間的な位置，母集団がかなり均一だと想定される領域，標本単位の大きさなどを考慮して行われる．たとえば広い領域で動物個体群を標本抽出する場合には，地図を用いて，標高や植生型などの要因に基づき領域をいくつかの均質な層に分割することが自然である．樹上の昆虫を標本抽出する場合には，木の直径を大，中，小の層に分割することが合理的かもしれな

い．世帯を標本抽出する場合には，街全体が年齢や階級の特徴が比較的均一な領域に分割されるかもしれない．通常，層別化の方法は常識に基づいて選択される．

K 個の層が選択されたと仮定しよう．i 番目の層の大きさを N_i，母集団全体の大きさを $\sum N_i = N$ とする．i 番目の層から大きさ n_i の無作為標本を得る時，標本平均 $\bar{y}_i$ は層平均 μ_i の不偏推定量であり，層内の Y の標本標準偏差を s_i として，その分散は $\widehat{\mathrm{Var}}(\bar{y}_i) = (s_i^2/n_i)(1 - n_i/N_i)$ と推定される．これらの結果は，単純無作為標本抽出に関するこれまでの説明を，単純に i 番目の層に適用すれば得られる．

母集団全体の平均は，真の層平均の重み付き平均である．

$$\mu = \frac{1}{N} \sum_{i=1}^{K} N_i \mu_i \tag{2.22}$$

これに対応する標本推定値は

$$\bar{y}_s = \frac{1}{N} \sum_{i=1}^{K} N_i \bar{y}_i \tag{2.23}$$

であり，その分散の推定値は以下のように表される．

$$\widehat{\mathrm{Var}}(\bar{y}_s) = \frac{1}{N^2} \sum_{i=1}^{K} N_i^2 \widehat{\mathrm{Var}}(\bar{y}_i) \tag{2.24}$$

$\bar{y}_s$ の推定標準誤差 $\widehat{\mathrm{SE}}(\bar{y}_s)$ は分散の推定値の平方根であり，母集団平均の近似 $100(1 - \alpha)\%$ 信頼区間は次のように与えられる．

$$\bar{y}_s \pm z_{\frac{\alpha}{2}} \widehat{\mathrm{SE}}(\bar{y}_s) \tag{2.25}$$

$z_{\frac{\alpha}{2}}$ は標準正規分布の下でその値を超える確率が $\alpha/2$ となる値である．

対象の母集団が実質的に無限大の場合もある．たとえば，ある領域内の点として表される場所から標本が得られる場合，取りうる点の数は無限とみなせるだろう．このような場合には，式（2.22）から（2.24）を修正して，N_i/N を層 i の母集団割合で置き換えればよい，つまり，領域内の点を標本抽出する場合，これは領域全体の面積に対する層 i の面積の割合となる．また，この場合，n_i/N_i は全ての層でゼロになるため，有限母集団修正は不要である．

母集団の総計に関心があれば，次のように推定できる．

$$\hat{T}_s = N\bar{y}_s \tag{2.26}$$

推定標準誤差は以下となる．

$$\widehat{\mathrm{SE}}(\hat{T}_s) = N\widehat{\mathrm{SE}}(\bar{y}_s) \tag{2.27}$$

ここでも，近似 $100(1-\alpha)\%$ 信頼区間は次のようになる．

$$\hat{T}_s \pm z_{\frac{\alpha}{2}}\widehat{\mathrm{SE}}(\hat{T}_s) \tag{2.28}$$

　各層の標本の大きさが層の大きさに比例する場合を，比例割当（proportional allocation）の層別標本抽出と呼ぶ．この場合の標本は，全体平均と全体割合の推定値が，全ての層をまとめて1つの標本とした場合の結果と同じになるという意味で，自動的に重み付けされている．ただし，ここで単純無作為標本抽出の分散公式を用いることは正しくないので，代わりに層別無作為標本抽出の分散公式を使用する必要がある．

　比例割当は簡便なのでよく利用されるが，必ずしも最も効率的な資源の使い方ではない．調査費用の合計が，固定費 F と層内の標本サイズに比例する費用によって決まる場合，つまり，c_i を層 i から1つの単位を標本抽出するための費用として $TotalCost = F + \sum c_i n_i$ の場合には，以下の結果が得られる．すなわち，母集団の全体平均の推定について，(1) 最も少ない費用で所与の精度水準を達成する，または (2) 決められた総費用の下で最大の精度水準を達成するためには，層 i の標本サイズは $N_i\sigma_i/\sqrt{c_i}$ に比例しなくてはならない[2]．この結果を用いるためには層の分散の近似値と標本抽出の費用に関する知識が必要である．分散と費用が全ての層で同じであれば，比例割当は最適である．この結果の適用方法の詳細や，最適な層別標本抽出の概要については，Cochran（1977）や Scheaffer et al.（2011）を参照されたい．

---

2)【訳注】σ_i は i 番目の層の標本単位が取る値の標準偏差である．

例2.6 帯状トランセクトの層別標本抽出

　長さ1 km，幅60 mのトランセクトを標本抽出し，その中で死んだシカを数えることでシカの冬期死亡率を推定する問題を再検討しよう．このような研究では，ある種の生息地では他の生息地よりもシカの死骸が発見される可能性が高いという仮定のもと，生息地に基づいて層別化がなされる場合がありうる．

　ここでは，調査領域が3つの生息地型に分かれているとしよう．I型の生息地には標本抽出されうる $N_1 = 20{,}000$ 個の帯状トランセクトがあり，そのうち

表2.2　シカの冬期死亡率に関する帯状トランセクト調査の結果．

トランセクト	生息地		
	I	II	III
1	1	1	0
2	1	0	0
3	2	0	0
4	2	0	0
5	0	1	0
6	0	0	0
7	0	0	0
8	0	0	0
9	1	1	0
10	2	0	1
11	2	1	0
12	0	0	2
13	2	0	1
14	1	0	0
15	0	0	1
16	2		
17	0		
18	0		
19	1		
20	1		
n_i	20	15	15
$\overline{y}_i$	0.9	0.27	0.33
s_i	0.85	0.46	0.62
$\mathrm{Var}(\overline{y}_i)$	0.036	0.014	0.025
N_i	20,000	15,000	15,000

注　観測値は，3つの異なる生息地型の1 km × 60 mトランセクトで発見されたシカの死骸の数である．

$n_1 = 20$ 個が標本として無作為に選択される．II 型の生息地には $N_2 = 15,000$ 個の帯状トランセクトがあり，そのうち $n_2 = 15$ 個が標本として無作為に選択される．最後に，III 型の生息地には $N_3 = 15,000$ 個の帯状トランセクトがあり，そのうち $n_3 = 15$ 個が標本として無作為に選択される．発見されたシカの死骸の数は表 2.2 に示されている通りだとしよう．この表には層の標本サイズ n_i，標本平均 $\bar{y}_i$，標本標準偏差 s_i，標本平均の推定分散 $\widehat{\mathrm{Var}}(\bar{y}_i)$，層の大きさ N_i の値も示されていることに注意してほしい．

式（2.23）と表 2.2 の情報を用いて，トランセクト当たりのシカの平均死亡数は母集団全体で $\bar{y}_s = (20,000/50,000) \times 0.90 + (15,000/50,000) \times 0.27 + (15,000/50,000) \times 0.33 = 0.540$，その分散は $\widehat{\mathrm{Var}}(\bar{y}_s) = (20,000/50,000)^2 \times 0.036 + (15,000/50,000)^2 \times 0.014 + (15,000/50,000)^2 \times 0.025 = 0.00934$ と推定される．標準誤差の推定値は $\widehat{\mathrm{SE}}(\bar{y}_s) = \sqrt{0.00934} = 0.097$，トランセクト当たりのシカの数の母集団平均の近似 95% 信頼区間は $0.540 \pm 1.96 \times 0.097$，すなわち 0.35〜0.73 である．これより，調査領域全体でのシカの死亡総数は $\hat{T}_s = 50,000 \times 0.540 = 27,000$，標準誤差は $\widehat{\mathrm{SE}}(\hat{T}_s) = 50,000 \times 0.097 = 4,850$ と推定され，母集団総計の 95% 信頼区間は $27,000 \pm 1.96 \times 4,850$，すなわち 17,500〜36,500 であることがわかる．

2.9.1 事後層別

層別化に適した変数の選び方によっては，母集団の層の大きさが正確にわかっても，調査が行われるまで単位がどの層に属するかがわからない場合がある．たとえば，生息地の種類による標本コドラートの層別化は，コドラートを訪問しない限りは難しいかもしれない．

この場合に考えられる手続きの 1 つは事後層別（poststratification）である．すなわち，母集団全体から n 個の単純無作為標本を選択し，得られた単位を K 個の層に分類したのち，層別標本抽出の推定量 $\bar{y}_s = \sum N_i \bar{y}_i / N$ を用いて母集団平均を推定するのである．

各層の標本サイズが 20 程度より大きい場合には，事後層別の精度は比例割当を用いた層別標本抽出の場合とほぼ同じである．また，$\bar{y}_s$ の分散に関する層

別標本抽出の方程式は，事後層別の場合にも近似的には正確である．

2.9.2 割合に対する層別標本抽出

層別標本抽出は割合の推定にも利用できる．層 i の標本割合 $\hat{p}_i$ は，層の割合 p_i の不偏推定量である．分散は以下のように推定される．

$$\widehat{\mathrm{Var}}(\hat{p}_i) = \frac{\hat{p}_i(1-\hat{p}_i)}{n_i}\left(1 - \frac{n_i}{N_i}\right) \tag{2.29}$$

母集団全体の割合 p の不偏推定量は次のようになる．

$$\hat{p} = \frac{1}{N}\sum_{i=1}^{K} N_i\hat{p}_i \tag{2.30}$$

分散は以下のように推定される．

$$\widehat{\mathrm{Var}}(\hat{p}) = \frac{1}{N^2}\sum_{i=1}^{K} N_i^2\widehat{\mathrm{Var}}(\hat{p}_i) \tag{2.31}$$

また，標準誤差の推定値は $\widehat{\mathrm{SE}}(\hat{p}) = \sqrt{\widehat{\mathrm{Var}}(\hat{p})}$ である．真の母集団割合の近似 $100(1-\alpha)\%$ 信頼区間は次のように与えられる．

$$\hat{p} \pm z_{\frac{\alpha}{2}}\widehat{\mathrm{SE}}(\hat{p}) \tag{2.32}$$

$z_{\frac{\alpha}{2}}$ は標準正規分布の下でその値を超える確率が $\alpha/2$ となる値である．

実際には，単位を標本抽出するための費用が全ての層で同じであれば，割合が層によって大きく変化しない限り，単純無作為標本抽出と比べて層別無作為標本抽出の利益は小さい．しかし，平均と割合の両方の推定が必要な場合には上記の式が役立つかもしれない．この場合，層別化によって推定が改善するのは平均の方だけかもしれないが，割合の推定においても標本が層別化されていることは考慮する必要がある．

2.10 系統標本抽出

系統標本抽出（systematic sampling）は，母集団を順番に並べられる場合や，母集団が適切に定義された空間領域をカバーしている場合に利用できる．

前者の場合，単位の一覧の最初の k 個の中から 1 つを無作為に選択し，それ以降 k 個おきに単位を標本抽出する．後者の場合，系統的なパターンで領域を覆うことで標本抽出する地点を選択する．

単純無作為標本抽出よりも系統標本抽出が好んで利用される場合がある理由が 2 つある．第一に，系統標本抽出は単純無作為標本抽出よりも容易に実施できることが多い．第二に，系統標本抽出は関心のある母集団全体を一様に被覆するため，単純無作為標本抽出よりも代表性が高く，そのためより正確であると考えられる．

例として，図 2.2 に示すような状況を考えよう．図の左側は，矩形の調査領域内で無作為に選ばれた 16 個の区画の位置を示している．中央は，調査領域を大きさが等しい 4 つの層に分割し，そのそれぞれで 4 つの標本区画を無作為に配置した層別標本を示している．右側は，16 個の標本の位置を調査領域上に一定のパターンで配置した系統標本を示している．標本地点による領域の被覆という観点から言えば，層別標本抽出は単純無作為標本抽出よりもよく統制されているが，系統標本抽出ほどは統制されていないことが明らかである．

系統標本抽出には，母集団の要素が多かれ少なかれ無作為に並んでいると仮定しないと，標本抽出誤差の水準を容易に決定できないという欠点がある．しかし，もしこの仮定が成り立つなら，系統標本は実質的に単純無作為標本として扱うことができ，これまでに述べてきた単純無作為標本抽出に関する様々な結果を全て利用できる．

系統標本の反復を取ることによって，標本抽出分散を推定することもできる．たとえば，母集団内の単位が何らかの順序で並べられており，母集団の 10% の標本が必要だとしよう．1 番目から 10 番目までの要素から無作為に選ばれたものを起点に 10 個おきに要素を選択する代わりに，最初の 200 個の要素から無作為に選ばれたものを起点に 200 個おきに要素を選択した系統標本を，20 個取ることもできるだろう．この時，母集団は $N = 200$ 個のクラスターからなり，そのうち 20 個の要素が無作為に標本抽出されたものとみなすことができる．母集団の平均と総計に関する推測は，単純無作為標本抽出の通常の方法を用いて行うことができる．

系統標本を単純無作為標本であるかのように解析すると，標本分散 $\sum(y_i -$

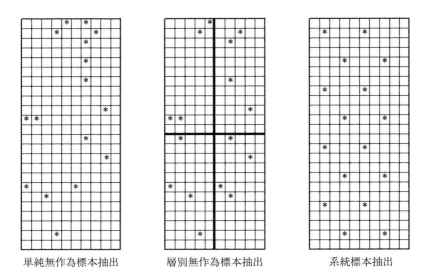

図 2.2 矩形の調査領域における，区画の単純無作為標本抽出，層別無作為標本抽出，系統標本抽出の比較．選択された区画をアスタリスク * で示す．

$\bar{y})^2/(n-1)$ は，母集団にトレンドがある場合には真の分散を過大評価する傾向が，母集団に標本間の距離と等しい（またはほぼ等しい）周期がある場合には真の分散を過小評価する傾向がある．しかし，標本点が離れていて多かれ少なかれ互いに独立である場合は，系統標本抽出と単純無作為標本抽出はほぼ同等である．大抵の場合，周期性が問題になることはない．これが問題となるのは，系統的に決定された標本点での観測値が，何らかの理由で，一般的な観測値よりも高いか低い傾向を示す場合である．

　系統標本を実質的に単純無作為標本として扱う別の方法の1つとして，図2.3で示すように，隣接する点をまとめて層にする方法がある．母集団平均と標準誤差は，層別無作為標本抽出の通常の式を用いて推定される．ここでは，設定された各層の標本が無作為標本と同等であることが仮定される．層の定義は観測値とは無関係になされることが最も重要である．さもなければ，分散の計算が偏ってしまう．たとえば，層が，一部の層でのみ大きな観測値が生じるように選択された場合，層内分散の過小評価につながるだろう．

　標本点の数や面積が各層で異なる場合，層別標本抽出の式によって推定され

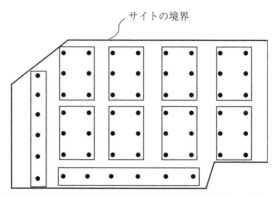

図 **2.3**　層別標本として解析するための系統標本の標本点のグループ化．ここでは，標本点 ● が 10 個の層に分けられている（各層には 6 つの点が含まれる）．

る平均と全ての観測値の単純平均は等しくならない．層別化は多かれ少なかれ任意の方法でなされるため，この影響を回避することは可能である．層別標本抽出の式による平均の推定分散は，必然的に適用される層別化の方法に依存する．考えられる合理的な層別化はいずれもほぼ同じ結果となることを示さないといけない場合もあるかもしれない．

　系統標本を単純無作為標本として扱うもう 1 つの方法として，各点を 1 回だけ通過して隣接する点を結ぶ蛇行線で標本点をまとめる方法がある．この方法は Manly（2009, 2.9 節）で説明されており，通常，層別標本抽出の方法とかなり似た結果が得られるようである．系統標本の解析方法として，他にも，Manly（2009, 第 9 章）で検討されているように，地理統計学の手法を用いて領域の平均を推定することもできる．そのためには，計算を行うための特殊な計算機ソフトウェアが必要である．

例 2.7　地下水中のトリクロロエチレン濃度

　　Kitanidis（1997, p. 15）では，細砂表層帯水層の地下水試料中のトリクロロエチレン（TCE）の値が示されている．ここでは，図 2.4 に示すように，準系統的な矩形格子で得られた観測値のうちの 40 件を検討する．

　　データを大きさ 40 の無作為標本として扱うと，標本平均は $\bar{y} = 5{,}609.1$ ppb，標本標準偏差は $s = 12{,}628.9$，平均の推定標準誤差は $\widehat{SE}(\bar{y}) = s/\sqrt{40} =$

1,996.8である．この領域におけるTCEの真の平均濃度の近似95%信頼区間は $\bar{y} \pm 1.96\widehat{\text{SE}}(\bar{y})$ より，1,695.3 〜 9,522.8 の範囲となる．TCEの値には大きな変動があるため，範囲が広くなっている．

別の解析方法として，標本の事後層別を考えよう．たとえば，観測の各列は，上側の4つと下側の4つの観測からなる2つの層に分割できるだろう．全体は10個の層に分割される．各層の平均値と標準偏差，および平均値の標準誤差を表2.3に示す．推定された平均TCE濃度は5,609.1であり，これはデータを無作為標本として扱った場合と同じ値である．平均値の推定標準誤差は1,760.4であり，無作為標本を仮定して得られる値である1,996.8よりも小さい．層別標

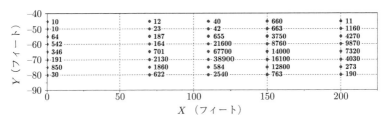

図2.4 細砂地表層帯水層の40ヶ所で測定されたTCE濃度（ppb）.

表2.3 図2.4に示したTCEの観測を，図中のデータの各列をそれぞれ4つの観測からなる2つの層からなるとみなして，10の層に事後層別した場合の層別平均，標準偏差（SD），および標準誤差（SE）.

層					平均	SD	SE
1	10	10	64	542	156.5	258.3	129.1
2	346	191	850	30	354.3	354.8	177.4
3	12	23	187	164	96.5	91.8	45.9
4	701	2,130	1,860	622	1,328.3	778.4	389.2
5	40	42	655	21,600	5,584.3	10,681.1	5,340.5
6	67,700	38,900	584	2,540	27,431.0	32,111.5	16,055.8
7	600	663	3,750	8,760	3,443.3	3,837.4	1,918.7
8	14,000	16,100	12,800	763	10,915.8	6,904.5	3,452.3
9	11	1,160	4,270	9,870	3,827.8	4,411.7	2,205.8
10	7,320	4,030	273	190	2,953.3	3,418.0	1,709.0
				全体 *	5,609.1		1,760.4

* 全ての層の大きさが4でそれぞれが同じ重みを持つため，全体平均は個々の層の値の平均である．全体標準誤差は，$N_i/N = 1/10$ として式 (2.24) を用いて計算された分散に基づく全体平均の推定標準誤差である．

本に基づく真の平均の近似 95% 信頼区間は $5{,}609.1 \pm 1.96 \times 1{,}760.4$ で与えられ，その区間 $2{,}158.7 \sim 9{,}059.4$ は無作為標本を仮定して計算された区間よりも狭い．

　この例では，TCE 濃度が実質的に，標本領域内のある地点で測定されると仮定される．各層の標本地点は無限に存在するので，表 2.3 に示された標準誤差は有限母集団修正のない $SD/\sqrt{4}$ となっている．

2.11　その他のデザイン戦略

　本章ではこれまで，標本抽出のデザインとして，単純無作為標本抽出，層別無作為標本抽出，および系統標本抽出を紹介した．他にも，状況によっては有用なデザイン戦略がいくつか存在する．ここではその一部を簡単に紹介する．これらの方法の詳細については Manly（2009, 第 2 章）を参照されたい．これ以降の章では他の戦略もいくつか紹介する．

　クラスター標本抽出（cluster sampling）では，ある意味で近接した標本単位のまとまりが無作為に標本抽出され，その全ての単位が測定される．これにより各単位を標本抽出するための費用が削減され，全てを個別に標本抽出する場合より多くの単位を測定できるようになる．この利点は，近接した標本単位が似たような測定値を持つ傾向によって，ある程度は相殺されてしまう．したがって，一般に，n 個の単位からなるクラスター標本は，n 個の単位からなる単純無作為標本よりも精度の低い推定値を与える．しかし，標本抽出にかかる全体の労力が決まっている場合には，クラスター標本抽出は個々の単位の標本抽出よりも良い推定値を与える可能性がある．

　多段標本抽出（multistage sampling）では，何らかの階層構造の中に標本単位が存在することが想定される．階層構造の中の様々な段階で無作為標本抽出が行われる．たとえば，国全体などのある広い領域で，湖の水質を表す変数の平均の推定に関心があるとしよう．国全体は，州からなる 1 次標本単位に分割され，さらに各州には複数の郡が含まれ，各郡には一定の数の湖が含まれると

する．この時，次のようにして3段階で湖の標本を得ることができる．まずいくつかの1次標本単位を無作為に選択し，次に選ばれた各1次標本単位に含まれる郡（第2段階の標本単位）を無作為に1つまたは複数選択する．最後に，標本抽出された各郡から無作為に1つまたは複数の湖（第3段階の標本単位）を選択する．この類の標本抽出計画は，階層構造が存在する場合や，単純に複数の段階で標本抽出することが便利な場合に有用である．

複合標本抽出（composite sampling）の技術は，標本単位を選択して取得する費用が，それらを分析する費用よりもはるかに低い場合に有用である．例として，ほぼ同じ場所から得られた複数の標本を混合した複合標本を分析する場合が挙げられる．4つの標本を混合することで，分析の回数を標本数の4分の1にすることができる．標本が十分に混合されており，複合標本の観測値がそれに含まれる標本の平均に近くなっていれば，推定される平均にほとんど影響はないはずである．しかし，希釈効果のために，個々の標本単位の外れ値に関する情報は失われてしまう．ただし，外れ値を持つ個々の標本を識別する必要がある場合にも，個々の標本を分析せずにそれを実現する方法はある．

順位付き集合標本抽出（ranked set sampling）は，調査における分析費用の削減に利用できるもう1つの方法である．この手法はもともと植生バイオマスを推定するために開発されたものだが（McIntyre, 1952），潜在的な用途ははるかに広い．この手法は，観測値の小集合の相対的な大きさを評価する安価な方法があり，それによって高価で正確な測定を補える場合に適用できる．

例として，潮間帯の調査地において90個の標本単位を等間隔の矩形格子状に配置し，フジツボの平均的な密度を推定する必要があるとしよう．まず最初の3つの単位で目視によって密度を評価し，密度の低いものから密度の高いものへと順番に並べる．そして，最も順位の高い単位の密度を正確に求める．次の3つの単位も同様に目視で順位を付け，順位が中間の単位で密度を正確に求める．次に，7，8，9番目の標本単位を順位付けし，最も順位の低い単位で密度を正確に求める．このように3つの単位のまとまりを目視で順位付けして，最初に最も順位の高い単位を，次に順位が中間の単位を，最後に最も順位の低い単位を測定する過程を，10〜18番目の単位，19〜27番目の単位などにも繰り返し適用する．90個全ての単位についてこの手続きが完了すると，正確な

密度が求められた大きさ30の順位付き集合標本が得られる．この標本は，90個全ての単位を正確に測定した場合ほど良くはないが，大きさ30の標準的な標本に比べると大分良い精度を持つはずである．

　比推定（ratio estimation）は，標本単位の大きさの変動を考慮するために利用されることが多い．この方法では，関心のある変数 Y の値が標本単位の大きさを表す変数 U にほぼ比例すること，すなわち R を定数として $Y \approx RU$ であることが仮定される．たとえば，大きさの異なる植生パッチ内で動物を計数する場合に，期待される動物の数がパッチの面積に比例すると仮定できる場合などが考えられる．動物や植物の個体群サイズを推定する必要があり，標本単位における個体数量 Y を正確に求めるための費用が大きい場合にも，比推定を利用できる可能性がある．この時，測定の費用が安価で，個体数量にほぼ比例する別の変数 U が必要である．この2番目の変数の例として，標本単位の迅速な目視調査に基づく推定値などがあるかもしれない．まず，母集団内の標本単位の全て，または母集団からの大きな標本についての迅速な目視調査と，少数の標本単位での個体数量の正確な測定を行う．次に，正確な個体数量の測定値と安価に測定される変数の値の関係を用いて，小標本に基づいて推定された個体数量を調節する．具体的には，まず Y と U の両方が既知の標本単位を用いて比 $\hat{R} = \bar{y}/\bar{u}$ を推定し，これに母集団内の全ての標本単位，または U の値の大標本に基づく U の平均値を掛けた式 $\bar{y}_{\mathrm{ratio}} = \hat{R}\mu_u$ によって Y の平均の推定値を求める．

　比推定では，母集団中の標本単位において関心のある変数 Y と補助変数 U の比がほぼ一定であることが仮定される．Y と U の関係がおおよそ $Y = a + bU$ の形の線形方程式で表されるという，より制約の少ない仮定を置いた回帰推定（regression estimation）を用いることもできる．その場合は比推定と同様に，標本として得られた単位の Y と U の値を求め，通常の線形回帰を用いて式 $Y = a + bU$ を推定する．U の平均 μ_u を，非常に大きな標本か，母集団中の全ての標本単位に基づいて求める．この時，小標本に基づく Y と U の平均をそれぞれ $\bar{y}$ と $\bar{u}$ として，Y の平均の回帰推定量は $\bar{y}_{\mathrm{reg}} = \bar{y} + b(\mu_u - \bar{u})$ と表される．これは，小標本の U の平均値の大小を考慮して，小標本の $\bar{y}$ を $b(\mu_u - \bar{u})$ で補正したものと解釈できる．

2.12 不等確率標本抽出

標本抽出の方法によっては，標本単位の利用可能性を調査者が統制できず，無作為標本抽出や系統標本抽出ができない状況が生じうる．特に，単位が標本抽出される確率が個々の単位の特性の関数となる場合があり，これを不等確率標本抽出（unequal probability sampling）と呼ぶ．たとえば，大きな単位は小さな単位よりも目立ちやすいことで，単位が選択される確率がその大きさに依存する場合があるかもしれない．選択確率が単位の大きさに比例する場合を特に，サイズバイアス標本抽出（size-biased sampling）と呼ぶ．

不等確率標本抽出の下でも母集団パラメータを推定できる．標本抽出される母集団には N 個の単位があり，その変数 Y の値が $y_1, y_2, \ldots, y_N$ と表されるとしよう．標本抽出は，標本に y_i が含まれる確率が p_i となるように行われると仮定する．また，母集団サイズ N，母集団平均 μ_y，母集団総計 T_y の推定に関心があり，標本抽出の過程で n 個の単位が観測されると仮定する．この時，母集団サイズは次の式で推定される．

$$\hat{N} = \sum_{i=1}^{n} \frac{1}{p_i} \tag{2.33}$$

Y の総計は次のように推定される．

$$\hat{T}_y = \sum_{i=1}^{n} \frac{y_i}{p_i} \tag{2.34}$$

また，Y の平均は次のように推定される．

$$\hat{\mu}_y = \frac{\hat{T}_y}{\hat{N}} = \frac{\sum_{i=1}^{n} (y_i/p_i)}{\sum_{i=1}^{n} (1/p_i)} \tag{2.35}$$

また，選択確率が，i 番目の標本単位について既知の値 x_i を持つ変数 X に比例する場合は，式（2.35）は次のようになる．

$$\hat{\mu}_y = \frac{\hat{T}_y}{\hat{N}} = \frac{\sum_{i=1}^{n} (y_i/x_i)}{\sum_{i=1}^{n} (1/x_i)} \tag{2.36}$$

変数 X 自体の平均は以下のように推定される.

$$\hat{\mu}_x = \frac{n}{\sum_{i=1}^{N}(1/x_i)} \tag{2.37}$$

　これらの推定量は Horvitz-Thompson 推定量（Horvitz and Thompson, 1952）と呼ばれる. 個々の観測値に重みを付けることで, これらは母集団パラメータを偏りなく推定する. たとえば, 母集団に $p_i = 0.1$ の単位がいくつもあるとしよう. この時, これらの単位のうち 10 個に 1 個だけが観測される標本に現れることが期待される. そのため, 標本に含まれなかった単位を考慮して, これらの単位の観測値は $1/p_i = 10$ で重み付けされるべきである. McDonald and Manly（1989）は 3 つの推定量の分散の式を与えており, 標本抽出の手続きを反復することで分散をより正確に求められることを示唆している. Thompson（2012）は, 不等確率標本抽出が関連する様々な状況についての包括的な導入を与えている.

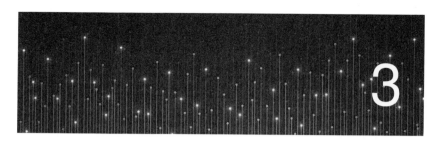

3

適応標本抽出

Jennifer Brown

3.1　はじめに

　費用対効果の高い管理が求められる中，個体群に関する正確な情報は環境管理者にとって一層必要なものとなっている．管理者が適切な管理措置を講じる時期を決定したり，管理介入の選択肢の成功・不成功を評価したりする上で，個体群の現状を把握することが不可欠である．個体群の現状に関する情報はまた，科学者が候補となる個体群モデルを評価したり，個体群動態を理解したりするためにも必要である．前章では，集団中の全ての個体を調査・測定する代わりに，集団の一部を標本抽出するという考え方を紹介した．ここでは，生態標本抽出と特に関連があり，実際に生態学的な状況を想定して設計された一連の標本抽出デザインを紹介する（Thompson, 2003）．より正確に言えば，これらのデザインは希少で集中分布する個体群を調査するために開発されたものである．

　生態学者が希少な個体群に興味を持つのは，こうした個体群が，侵入初期の外来種や絶滅寸前の危惧種など，生物学的過程の極限にある場合が多いためである．これらの個体群はまた，調査が最も難しい対象でもある．なぜなら，的を絞った野外調査を行わないと，その名が表す通り，標本単位のほとんどに対象の希少種は含まれないからである．対象種が存在する場所に野外活動を集中

させることを可能とする調査デザインは，調査から得られる情報の質と量を向上させるはずである．

　希少で集中分布する個体群の定義のうち，統計学者や生態学者の全員が同意するものは1つもないが，一般には，検出が困難な個体群（実際には希少ではないかもしれないが，目撃例が少ないもの）や，何らかの意味で疎な個体群をそう呼ぶことが多い．疎な個体群は，個体数が少ない場合や，個体群が広い面積を占める場合に生じうる（McDonald, 2004）．

　適応標本抽出（adaptive sampling）は，標本抽出の過程で得られた情報に基づき，調査チームが標本単位を選択する手続きを変更したり適応させたりするものである．ここで重要なのは，何をどこで標本抽出するかを決めるプロトコルが調査の進展によって変更される可能性があり，野外調査員がこの変更に対応できなければならないことである．ここで説明する全てのデザインの統計的特性はよく知られており，いずれも確率に基づく標本抽出の範疇にある．

　適応標本抽出には，適応探索（adaptive searching）と適応割当（adaptive allocation）の2種類がある（Salehi and Brown, 2010）．特定の標本単位の近傍に特に着目するデザイン（たとえば，ある標本単位で希少植物が発見された場合，その周辺の単位に焦点を当てて探索する）などは適応探索の一例である．適応割当の例としては，関心のある領域（たとえば，希少植物を含むと考えられる層など）に追加の調査努力を割当てることなどが挙げられる．

　適応標本抽出への関心は，適応クラスター標本抽出（adaptive cluster sampling; Thompson, 1990）の開発によって頂点に達したが，適応的なデザインはそれ以前から提案されている（たとえばFrancis, 1984）．ここでは，適応クラスター標本抽出を説明した後，他の適応割当デザインをいくつか説明することで適応標本抽出の範囲と多様性を紹介したい．

3.2　適応クラスター標本抽出

　適応クラスター標本抽出はThompson（1990）によって初めて導入された．このデザインは，希少で集中分布する個体群を標本抽出するために開発された．これはクラスター標本抽出に類似している．単位の集まりを選択し，その

全体または一部を標本抽出する．クラスター標本抽出の典型的な例は，学校の子供たちを対象とした調査である．クラスは子供の自然なクラスターであるため，クラスを選択して，クラス内の子供を調査する．適応クラスター標本抽出では同様にクラスターを選択するが，その大きさや位置，総数がわからないという点に違いがある．

最も単純な適応クラスター標本抽出ではまず，無作為標本抽出を行う．標本抽出の前に閾値 C を選択し，初期標本に含まれる単位のうちこの閾値以上の値を持つもの（すなわち $y_i \geq C$）がある場合は，その近傍の単位を標本抽出する．閾値以上の値を持つ単位は「条件を満たす」とみなす．近傍の単位の中に条件を満たすものがあれば，さらにその近傍の単位を選択する．このように，初期標本で検出されたクラスターの標本抽出を続けていくと，クラスターの境界が明確になり，クラスターそのものが標本抽出されるようになる．初期標本で検出されたクラスターと，初期標本に含まれていたが閾値を下回っていた標本単位の集まりが最終標本となる．このデザインは直感的に，集中分布する個体群を対象とする場合には有用だと感じられる．最初の探索で希少な動植物が観測された場合，それらが発見される可能性が最も高い，占有された標本単位の周辺に調査努力が集中する．最初の標本単位を選択する過程と近傍探索の統計的特性により，最終標本に偏りはない．

適応クラスター標本抽出において，**クラスター**という用語は連続した標本単位の集まり（ネットワークと呼ばれる）と，その周辺の境界単位（edge unit）のことを指す．ネットワークは，近傍探索のきっかけとなる最初の標本単位を取り囲む標本単位の集まりを指す．ネットワークに含まれる単位はいずれも条件を満たすものである．一方で，探索されたものの，値が閾値を下回る近傍の単位が境界単位である．標本推定値の計算においては，初期標本のうち条件を満たさない単位もネットワークとみなし，さらにその大きさは1であるとする定義が必要となる．

調査領域は重複しない個々のネットワークに分けられる．これらのネットワークの中には，大きさが1単位のものと，それより大きいものがある．図3.1では，$y_i \geq 1$ という条件によって，200コドラートからなる研究領域が187の異なるネットワークに分割されている．右上には大きさが5のネットワークが

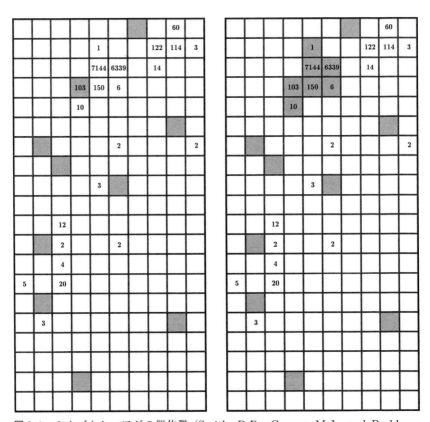

図3.1 ミカヅキシマアジの個体群（Smith, D.R., Conroy, M.J., and Brakhage, D.H. *Biometrics* 51: 777–788, 1995 より）．25 km² のコドラートが 200 個あり，カモの計数値が示されている．左側は 10 個のコドラートからなる初期標本，右側は最終標本である．最終標本では，1 コドラートよりも大きなネットワーク（7 コドラートを含む）が 1 つ選ばれている．適応選択の条件は $y_i \geq 1$ である．隣接する 4 つのコドラートを近傍と定義した．

あり，その左にある集まりは大きさ 7 のネットワークである．それに加えて大きさが 4 のネットワークがある．それ以外のコドラートは値の有無に関わらず，全て大きさ 1 のネットワークとみなされる．

　単純無作為標本抽出では，標本単位が選択される確率は全ての単位で同じである．適応クラスター標本抽出では，単位は様々な方法で標本に含まれうるた

め，単位が選択される確率はより複雑である．標本単位は，最初に選択された
ために標本に含まれる場合もあれば，隣接する単位が初期標本に含まれていた
ために標本に含まれる場合もある．全ての標本単位が同じ確率で選択されるわ
けではないので，この調査デザインは不等確率標本抽出の一種である．図3.1
では，右上に大きさ5の大きなネットワークがあるが，これは初期標本に5つ
の単位のいずれかが含まれれば最終標本に含まれるのに対し，大きさ1のネッ
トワークが最終標本に含まれる可能性は低い．

　利用できる推定量として Horvitz-Thompson 推定量と Hansen-Hurwitz
推定量の2種類がある[1]が，Horvitz-Thompson 推定量のほうが好ましい
（Thompson and Seber, 1996）．母集団総計の Horvitz-Thompson 推定値は
以下の式を用いて求められる．

$$\hat{\tau} = \sum_{k=1}^{K} \frac{y_k^* z_k}{\alpha_k} \tag{3.1}$$

ここで，y_k^* はネットワーク k の y 値の総計，z_k は k 番目のネットワークの単位
が初期標本に含まれていれば1，そうでなければ0に等しい指示変数，α_k は初
期交差確率（initial intersection probability）である．初期交差確率は，ネッ
トワーク内の1つ以上の単位が初期標本に含まれる確率である．k 番目のネッ
トワークの大きさを x_k として，その初期交差確率は以下のように表される．

$$\alpha_k = 1 - \frac{\binom{N-x_k}{n}}{\binom{N}{n}} \tag{3.2}$$

ここで，N は調査領域の大きさ，x_k はネットワークの大きさ，n は初期標本
の大きさである．母集団総計の推定値の分散は同時包含確率（joint inclusion
probability）α_{jk} を用いて推定される．ネットワーク j と k $(j \neq k)$ の両方が
初期標本に現れる確率は，以下のように表される．

$$\alpha_{jk} = 1 - \frac{\binom{N-x_j}{n} + \binom{N-x_k}{n} - \binom{N-x_j-x_k}{n}}{\binom{N}{n}} \tag{3.3}$$

---

1)【訳注】Horvitz-Thompson 推定量は不等確率の非復元標本抽出に対する推定量であり，
　 Hansen-Hurwitz 推定量は不等確率の復元標本抽出に対する推定量である．

$j = k$ の時は $\alpha_{jk} = \alpha_j$ である．分散の推定量は以下のように表される．

$$\widehat{\mathrm{Var}}(\hat{\tau}) = \sum_{j=1}^{K} \sum_{k=1}^{K} y_j^* y_k^* \left(\frac{\alpha_{jk} - \alpha_j \alpha_k}{\alpha_j \alpha_k} \right) z_j z_k \tag{3.4}$$

ミカヅキシマアジ（Brown, 2011; Smith et al., 1995）を例とした図 3.1 では，初期標本は $n = 10$ 個のコドラート，閾値条件は $y_i \geq 1$，近傍領域の定義は隣接する 4 個のコドラートである．初期標本に含まれたコドラートのうち 1 つだけが，周辺のコドラートの適応選択を引き起こしている．

最終標本の大きさは 16 である．占有コドラートに隣接する 4 つのコドラートが調査されるため，調べられたコドラートの数は 16 よりも多いことに注意してほしい．初期標本あるいは選択されたネットワークに含まれるコドラートのみが標本推定値の計算に利用される．その他のコドラートは境界単位である．$y_i \geq 1$ のような単純な条件では，コドラートを調べてカモの在・不在を確認するだけでよい．しかし，$y_i \geq 10$ のような条件では，単位内のカモが 10 羽以下かどうかを知るために計数する必要があり，単に在・不在を確認するよりも時間がかかる可能性がある．

式 (3.1) を用いて，図 3.1 の標本から得られる母集団総計の Horvitz-Thompson 推定値は次のようになる．

$$\hat{\tau} = \sum_{k=1}^{187} \frac{y_k^* z_k}{\alpha_k}$$
$$= \frac{13753 \times 1}{0.3056} + 0 + \cdots + 0$$
$$= 45003$$

この式の中で唯一ゼロでない項は，大きさ 7 のネットワークに関するものである．他の項の値は全てゼロである．初期標本に選ばれた他の 9 つのネットワークは 1 コドラートの大きさでしかなく，$y_k^* = 0$ である．選ばれなかった他のネットワークは全て $z_k = 0$ である．

大きさ 7 のネットワークの初期交差確率（式 (3.2)）は次のように計算される．

$$\alpha_1 = 1 - \frac{\binom{200-7}{10}}{\binom{200}{10}} = 0.3056$$

y_k^* がゼロでないネットワークは1つしか標本抽出されていないので，母集団分散の推定量はかなり単純である．大きさ7のネットワークそれ自体の同時包含確率は，式 (3.3) を用いて以下のように求められる．

$$\alpha_{11} = \alpha_1 = 0.3056$$

選択されなかったネットワークは $z_k = 0$ であるため，同時包含確率を計算する必要はない．したがって，式 (3.4) の分散の推定量は以下のようになる．

$$
\begin{aligned}
\widehat{\mathrm{Var}}(\hat{\tau}) &= \sum_{j=1}^{187}\sum_{k=1}^{187} y_j^* y_k^* \left(\frac{\alpha_{jk} - \alpha_j\alpha_k}{\alpha_j\alpha_k}\right) z_j z_k \\
&= y_1^* y_1^* \left(\frac{\alpha_{11} - \alpha_1\alpha_1}{\alpha_1\alpha_1}\right) z_1 z_1 + y_1^* y_2^* \left(\frac{\alpha_{12} - \alpha_1\alpha_2}{\alpha_1\alpha_2}\right) z_1 z_2 + \\
&\quad \cdots + y_{187}^* y_{187}^* \left(\frac{\alpha_{187\,187} - \alpha_{187}\alpha_{187}}{\alpha_{187}\alpha_{187}}\right) z_{187} z_{187} \\
&= y_1^* y_1^* \left(\frac{\alpha_{11} - \alpha_1\alpha_1}{\alpha_1\alpha_1}\right) z_1 z_1 + y_1^* \times 0 \times \left(\frac{\alpha_{12} - \alpha_1\alpha_2}{\alpha_1\alpha_2}\right) z_1 z_2 + \\
&\quad \cdots + y_{187}^* y_{187}^* \left(\frac{\alpha_{187\,187} - \alpha_{187}\alpha_{187}}{\alpha_{187}\alpha_{187}}\right) \times 0 \\
&= 13753^2 \times \left(\frac{0.3056 - 0.3056^2}{0.3056^2}\right) \times 1 \times 1 \\
&= 4.2978 \times 10^8
\end{aligned}
$$

こうした計算を行う様々なソフトウェアが存在する（たとえば Morrison et al., 2008）．

適応クラスター標本抽出デザインによる調査効率の改善については多くの文献が存在する．デザインの効率性は個体群の集中分布の程度に依存する．個体群が集中分布しているほど，単純無作為標本抽出と比較して適応クラスター標本抽出の効率は高くなる（Smith et al., 2004, 2011; Brown, 2003）．効率性はまた，適応選択の閾値条件や，適応探索を行う近傍領域の定義（たとえば，隣接する2，4，8個の単位など），初期標本サイズ，標本単位の大きさなど，調査デザインの特徴にも依存する．一般的な傾向として，効率的なデザインは最終標本サイズが初期標本サイズに比べて過度に大きくならず，ネットワークも小さい．これは，適応探索の閾値を大きく，近傍の定義を小さくすることで達成

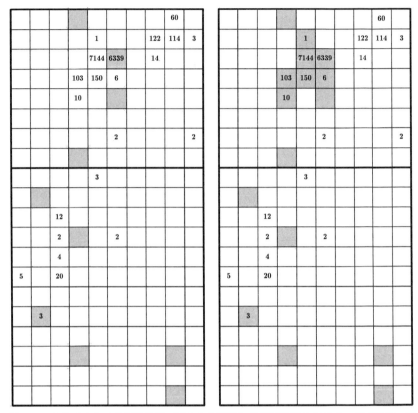

図 3.2 ミカヅキシマアジ個体群（図 3.1 を参照）の層別適応クラスター標本抽出．左側は 10 個のコドラート（上の層に 4 個，下の層に 6 個）からなる初期標本，右側は最終標本である．最終標本では，1 コドラートより大きなネットワーク（7 コドラートを含む）が 1 つ選択されている．適応選択の閾値条件は $y_i \geq 1$ である．周辺の 4 つのコドラートを近傍と定義した．

できる（Brown, 2003）．Smith et al.（2004）と Turk and Borkowski（2005）は適応クラスター標本抽出の最近の概説を与えている．

　ここまで，最初の調査が単純無作為標本抽出である適応探索について説明してきた．適応クラスター標本抽出は，系統標本抽出（Thompson, 1991a）や層別標本抽出（Brown, 1999; Thompson, 1991b），二段標本抽出（Salehi and

Seber, 1997) を用いて行うことも可能である. 図3.2では, 層別適応クラスター標本抽出によってミカヅキシマアジの個体群を標本抽出した例を示している. サイトは2つの層に分けられ, 初期標本の10コドラートが層の相対的な大きさに比例して割当てられている. この図では, 上の層の初期標本サイズが4コドラート, 下の層の初期標本サイズが6コドラートとなっている. 下の層では, 最終標本サイズは変化しなかった. 上の層では, 追加のコドラートを適応的に選択した結果, 層内の最終標本サイズは10コドラートとなっている.

適応クラスター標本抽出のデザインに関する最後の論点として, 適応標本抽出でよく指摘される懸念が挙げられる. すなわち, 適応クラスター標本抽出では最終的な標本サイズが事前にわからないため, 野外調査の計画が困難である. Salehi and Seber (2002) や Brown and Manly (1998), Lo et al. (1997), Su and Quinn (2003) では, 停止規則によって最終標本サイズを制限する方法が議論されている. 別のアプローチとして逆標本抽出デザイン (inverse sampling design) がある. これは, ゼロでない単位の数が事前に決められた数に達した時点で調査を停止するものである (Seber and Salehi, 2005; Christman and Lan, 2001). 最近では, 個体群の希少度や集中度に関する情報が限られている場合に利用できるデータ駆動型の停止規則が Gattone and Di Battista (2011) によって提案されている.

適応クラスター標本抽出は様々な環境下で応用されている. これらの事例は適応クラスター標本抽出のデザインと応用に関する洞察を与えてくれる. 適応クラスター標本抽出の最近の事例として, 淡水生イガイ (Smith et al., 2003, 2011; Hornbach et al., 2010; Outeiro et al., 2008), メバル (Hanselman et al., 2003), 希少魚類 (Davis et al., 2011), 不均一性の高いイエローパーチの個体群 (Yu et al., 2012), 魚卵 (Smith et al., 2004; Lo et al., 1997), ウミヤツメの幼生 (Sullivan et al., 2008), スケトウダラの仔魚 (Mier and Picquelle, 2008), 潮下帯の大型藻類 (Goldberg et al., 2007), 河川の流砂量 (Arabkhedri et al., 2010), 森林 (Talvitie et al., 2006; Acharya et al., 2000), 森林減少率 (Magnussen et al., 2005), 低木 (Barrios et al., 2011), 下層植物 (Abrahamson et al., 2011), 草本植物 (Philippi, 2005), 一年生植物 (Morrison et al., 2008), キクイムシの侵入 (Coggins et al., 2011), ジャ

イアントパンダの生息地利用（Bearer et al., 2008），有袋類（Smith et al., 2004），水鳥（Smith et al., 1995），爬虫両生類（Noon et al., 2006），水中音響（Conners and Schwager, 2002）などの調査に応用されている．

3.3　その他の適応標本抽出デザイン

　適応クラスター標本抽出において単純無作為標本抽出に適応的な要素を加えたのと同様に，層別標本抽出や二段標本抽出にも適応標本抽出を適用できる．層別標本抽出と二段標本抽出では，母集団が明確な部分集合に分割される．これらは，層別標本抽出では層，二段標本抽出では1次単位（primary unit）と呼ばれる．この点において，2つのデザイン（層別標本抽出と二段標本抽出）の調査方法は類似している．層別標本抽出では全ての層が調査対象となるが，二段標本抽出では一部の1次単位のみが調査対象となる．

　適応割当標本抽出の背景にある考え方は，希少個体群のクラスターを含む層や1次単位に追加の調査努力を優先的に割当てるというものである．理想的な状況として，もし全てのクラスターの位置と大きさがわかっていれば，各クラスターの周りに層や1次単位の境界を設定でき，クラスターを含む層や1次単位に追加の調査を割当てられるだろう．しかし多くの場合，クラスターの位置や大きさはわからないため，層内や1次単位内の分散が最小になるように調査領域を層や1次単位に分割する．生息地の特徴に応じて調査領域を分割する場合もある（たとえば，草が茂る開放地を1つの層に，低木地を別の層に設定するなど）．他にも，野外での計画や自然の特徴（集水域の境界や柵など）が関連する場合もある．野外調査員が1日に標本抽出できる範囲を1次単位の大きさとすることもあり，その場合には1日当たり1つの1次単位を調査するので，野外調査の計画を単純にできる．

　層別デザインに適応標本抽出を適用した初期の例として，Francis（1984）が提案した二相層別デザイン（two-phase stratified design）がある．第1相では調査領域を層に分割し，最初の調査を実施する．この時，従来の層別標本抽出と同様に，層間の努力配分は層内分散の推定値に基づいて決められる．この第1相の標本は層内分散の推定に用いられる．残りの標本単位は，個々の層に

1つずつ追加される．この標本単位を順次割当てていく段階では，分散が最も大きく減少するように単位を割当てる層が選択される．

このデザインは，予備的な情報を用いて層内分散の推定値を更新し，全体の標本分散を減少させるのに最も効果的な層に残りの調査努力を配分する点で適応的である．第2相での適応割当は，最初の努力量配分の不備を調整，または補うために行われる．一部の母集団では，適応割当の基準として，層内分散より層平均の二乗を用いるほうが望ましい（Francis, 1984）．同様のデザインについては Jolly and Hampton（1990）も参照されたい．

母集団総計と標本分散の推定値は，2つの相で収集した全ての情報を用いて求められる．標本推定値はわずかに偏る可能性があるが，これはブートストラップを用いて補正できる（Manly, 2004）．適応二相標本抽出[2]は適応クラスター標本抽出と比べて遜色ないことが示されている（Yu et al., 2012; Brown, 1999）．また，このデザインは複数種の個体群の調査にも利用できる（Manly et al., 2002）．

Smith and Lundy（2006）は，ホタテの層別標本を用いて関連するデザインを提案している．これは，第1相で層内平均を計算し，閾値を超えた層に一定の努力量を配分する方法である．母集団の不偏推定量は，Rao-Blackwell 法（Thompson and Seber, 1996）を用いて導出される．Harbitz et al.（2009）はノルウェー春産卵ニシンの調査で同様のデザインを利用し，音響データから推定した魚の密度が閾値を超えた層に調査トランセクトを追加している．また，最近提案された漁業調査のデザインでは，最適化手法を用いて標本点間の平均距離を最小化し，事前に定義された個体数量の閾値に応じて第2相の努力量を配分している（Liu et al., 2011）．

適応二段逐次標本抽出（adaptive two-stage sequential sampling）と呼ばれるデザインでは，適応割当が二段標本抽出と合わせて用いられる（Brown et al., 2008; Moradi and Salehi, 2010）．これまでの議論では二相標本抽出について述べていたが，ここでは二段標本抽出を用いていることに注意してほ

---

2)【訳注】adaptive two-phase sampling. Francis（1984）の二相層別標本抽出を指す.

しい．この 2 つの概念は近いものである．二相層別デザインと同様に，初期標本は選択された 1 次単位から取得される．そして次の段階で，閾値 $g_i\lambda$ を超えた単位の数に比例して 1 次単位に追加の単位を割当てる．ここで，g_i は i 番目の 1 次単位で閾値を超えた標本単位の数，λ は乗数である．二段逐次標本抽出（Salehi and Smith, 2005）では，1 次単位に割当てる追加単位の数をある固定値に設定する．事前に定義された適応割当の閾値には，観測された単位の値 y_i か，y_i に関連する何らかの補助的な情報が用いられる（Panahbehagh et al., 2011）．希少で集中分布する個体群を調査する場合，これらのデザインによって個体群が見つかる場所での調査努力を強化できる．シミュレーションによる比較調査の結果では，従来の二段デザインに適応的要素を加えると調査効率が向上する（標本分散が減少する）ことが示されている（Brown et al., 2008; Salehi et al., 2010; Smith et al., 2011）．

　完全割当層別標本抽出（complete allocation stratified sampling）では，適応標本抽出を従来の層別デザインあるいは二段デザインに適用する（Salehi and Brown, 2010）．まず従来の層別デザインを適用し，もし層内のいずれかの単位が閾値を超える値を持つ場合は，その層を徹底的に調査する．このデザインは，2 つの点で適応標本抽出を簡素化している．第一に，追加調査の割当てを決定する規則は，層の第 1 相調査が完了していなくても適用できる．第二に，野外調査員に対しては単純に，追加調査が必要な場合には層全体を調査するように指示すればよい．

　完全割当層別デザインでは，これまでに扱った適応デザインの一部に見られる良い特徴が用いられている．適応クラスター標本抽出では，希少な動植物が見つかるとその近傍の領域を標本抽出するため，野外生物学者にとっては希少で集中分布する個体群の調査法として極めて直感的な魅力がある．完全割当では，近傍領域が完全に探索される．近傍領域の定義は標本抽出の前に行われ，層の境界によって制約される．適応クラスター標本抽出では近傍領域は標本抽出の前に定義されず，母集団によっては過度に大きくなる可能性がある（Brown, 2003）．

　完全割当層別標本抽出では母集団総計の推定値が以下のように求められる．

$$\hat{\tau} = \sum_{h=1}^{\gamma} \frac{y_h^*}{\pi_h} \tag{3.5}$$

ここで y_h^* は層 h の y 値の合計，γ は完全な調査が行われた層の数である．π_h は層 h 全体が選択される確率で，次のように表される．

$$\pi_h = 1 - \frac{\binom{N_h - m_h}{n_h}}{\binom{N_h}{n_h}} \tag{3.6}$$

N_h は層 h の大きさ，m_h は層 h 内の値が 0 でない単位の数[3]，n_h は層 h の初期標本の大きさである．不偏分散の推定量は次のようになる．

$$\widehat{\mathrm{Var}}(\hat{\tau}) = \sum_{h=1}^{\gamma} \frac{(1 - \pi_h) y_h^{*2}}{\pi_h^2} \tag{3.7}$$

完全割当層別標本抽出は，従来の層別標本抽出や二段標本抽出などの適応的でないデザインに比べて，標本効率を大幅に向上させることができる（Brown et al., 2012）．

Brown（2011）の例では，図3.3に示すように，ニュージーランドの南島で見られる希少なキンポウゲに着目している．調査領域は，それぞれが25個の単位を含む12の層に分けられた．第1相では各層から大きさ3の単純無作為標本を取得し，キンポウゲが存在する標本単位が3つの層で見出された．第2相ではこの3つの層が徹底的に調査され，最終標本サイズは $3 \times 25 + 9 \times 3 = 102$ となった．

適応標本抽出が行われた3つの層について，層の全体が選択される確率 π_h（式（3.6））は以下のように表される．

$$\pi_5 = 1 - \frac{\binom{18}{3}}{\binom{25}{3}} = 0.645$$

$$\pi_6 = 1 - \frac{\binom{11}{3}}{\binom{25}{3}} = 0.928$$

---

3)【訳注】ここでは，初期標本で1以上の値が観測された層で層全体の調査を行うことが想定されている（Salehi and Brown, 2010）．

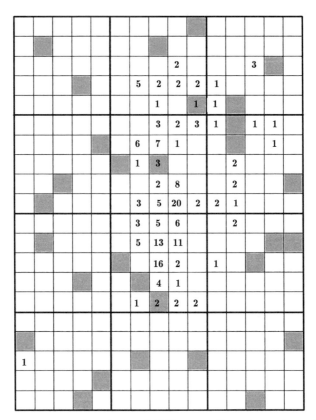

図 3.3　キャッスルヒルのキンポウゲの個体群．$100\ \mathrm{m}^2$ のコドラート 300 個と，その中のキンポウゲの計数を示す．調査領域は 12 の層に分けられ，各層からは 3 つのコドラートが標本抽出されている[4]．

$$\pi_7 = 1 - \frac{\binom{11}{3}}{\binom{25}{3}} = 0.928$$

他の 9 つの層では植物は観測されなかった．式（3.5）より，植物の総数の推定値は以下のようになる．

---

4)【訳注】　標本抽出されたコドラート（灰色）が 2 つしかない層があり説明文と矛盾するが，原著と Brown（2011）ではどちらも同様の図と説明が与えられている．

$$\hat{\tau} = \sum_{h=1}^{3} \frac{y_h^*}{\pi_h}$$
$$= \frac{15}{0.645} + \frac{66}{0.928} + \frac{73}{0.928}$$
$$= 172.99$$

式（3.7）より，分散の推定値は以下のようになる.

$$\widehat{\mathrm{Var}}(\hat{\tau}) = \sum_{h=1}^{3} \frac{(1 - \pi_h) y_h^{*2}}{\pi_h^2}$$
$$= \frac{(1 - 0.645) \times 15^2}{0.645^2} + \frac{(1 - 0.928) \times 66^2}{0.928^2} + \frac{(1 - 0.928) \times 73^2}{0.928^2}$$
$$= 998.08$$

3.4　考察

　適応標本抽出は幅広いデザインを含む広義語である. 本章で説明した希少で集中分布する個体群に対するデザインの本質的な特徴は，標本効率の向上である. 適応標本抽出では対象の動植物が発見された場所に調査努力を集中させることができ，こうした絞り込みによって効率が向上する.

　本章では，従来のよく知られたデザインにどのように適応選択を加えられるかに着目して，いくつかの異なるデザインを紹介した. 適応クラスター標本抽出は単純無作為標本抽出や層別標本抽出，系統標本抽出，二相標本抽出などから派生した手法であり，個体が発見された（または何らかの測定値が閾値を超えた）標本単位のすぐ近くで追加の調査努力を割当てる. 調査員は，探索する近傍領域のパターンと適応割当のきっかけとなる閾値を事前に指定する. これらの調査プロトコルの特徴は，最終標本サイズと標本効率に大きな影響を与える. 最終標本サイズを制限するために，Thompson（1990）による原型のデザインに様々な修正を加えることが提案されている.

　その他の適応標本抽出として，層別標本抽出や二段標本抽出において調査努力を割当てるデザインを紹介した. 二相層別標本抽出では，第1相の層内推定

値に基づいて特定の層に追加の調査努力を割当てる．適応二段逐次標本抽出では，推定値が閾値を超えた1次単位に追加の調査努力を割当てる．

　完全割当層別標本抽出は，母集団を層に分割する層別標本抽出の特徴を利用したものである．第1相で個体が見つかった層では，その層の全体を探索する．層の大きさや形を，対象種で想定されるクラスターの大きさや形に可能な限り一致させれば，調査努力は最終的に，種が出現した地点の探索に集中する．種のクラスターと層が完全に一致しない場合でも，この調査法は効率的なデザインである．

　ここで取り上げたものの他にも多くの適応デザインが存在する．他の適応標本抽出デザインは文献で説明されており，多くの場合，非常に実務的かつ現実的な標本抽出の問題が動機となっている．たとえば，Samalens et al.（2007）は樹皮への甲虫の侵入を検出するための標本計画を開発した．これは甲虫が繁殖しているはい積みに近い林縁に沿って追加の調査を行うものである．Yang et al.（2011）は適応クラスター標本抽出に基づく森林調査を考案した．この調査では，標本単位（森林区画）があらかじめ定義された条件を満たす場合に，近隣を探索する代わりに区画の大きさを拡大する．また，ライントランセクト調査では，個体数の閾値を満たす区間をジグザグに辿ることで調査努力を増やす適応ライントランセクト標本抽出が提案されている（Pollard et al., 2002）．この論文ではネズミイルカの調査に着目し，船上調査では交差や空白のない，容易に辿れるジグザグの調査経路を取ることが重要であると考察されている．

　適応標本抽出への関心が高まるにつれ，デザインの数と複雑さは増していくだろう．Salehi and Brown（2010）は，こうしたデザインの拡大を促進するため，**適応探索**と**適応割当**という用語を用いて2つの分野を区別することを提案している．適応探索とは，適応クラスター標本抽出のように近傍を探索するデザインのことである．対照的に，適応割当では，単位の集まり（層や1次単位など）が標本抽出された後に追加の努力量を割当てる．この2つの分類の間では，追加の努力量の割当に関する決定が，いつ，どこでなされるかが異なっている．決定は，個々の標本単位が測定された直後か，または単位の集まりが完全に標本抽出された後に行われる．同様に，二段標本抽出と二相標本抽出の区別もわかりにくい可能性がある．本章で説明した二段標本抽出では，まず1

次単位を標本抽出し，続いて各1次単位内での標本抽出を行った．二相標本抽出では，まず第1相の標本抽出を行い，その標本から得られた情報に基づいて第2相で追加の努力量を割当てた．適応探索では第2相の標本抽出を行うかどうかの判断が第1相と同時に行われるのに対し，適応割当では第1相の後に行われる．

　ここで取り上げたデザインはいずれも効率的であり，適応標本抽出を行わない従来のデザインよりも分散の小さな母集団推定値を得られる場合がある．しかし，従来の標本抽出法と同様に，良い効率を実現するためには調査を慎重にデザインする必要がある．実施可能性を考慮すると，野外調査のプロトコルはあまり複雑にできないかもしれない．野外生物学者なら誰でも知っているように，物事を単純にすることにも利点があるだろう．特定の調査に対するデザインの選択は，理論上の効率性と実務上の現実性の間でバランスを取ることになるだろう．

4

ライントランセクト標本抽出

Jorge Navarro and Raúl Díaz-Gamboa

4.1 はじめに

　ライントランセクト標本抽出（line transect sampling）は，希少である，移動性が高い，検出が難しいなどの特徴を持つ動物の単位面積当たり個体数の推定に加えて，希少あるいは検出困難な植物や潮間帯の生物などの研究に利用できるものである（Burnham et al., 1980）．この手法は可変円形区標本抽出[1]と関連しており，距離標本抽出（distance sampling）と呼ばれることもある（Buckland et al., 2001）．ライントランセクト標本抽出の基本的な考え方は，観測者が調査領域内を通る測線に沿って移動し，左右を見ながら対象の動植物を探すというものである．歩く，飛ぶ，またはその他の方法でライントランセクトを横断し，検出された全ての対象までの垂直距離を記録する．こうして得られるデータと，測線上の対象は全て検出されたという仮定を組み合わせることで，検出されなかった対象を考慮して単位面積当たり個体数の推定値を補正できる．対象種の個体を検出して記録する際に測線からの距離を一緒に記録するのは，測線から遠い個体は近い個体よりも検出しにくいと考えられるためである．これは調査領域内の動植物の密度や総数の推定に生態学者が用いる特殊

---

1)【訳注】4.8節を参照のこと．

な方法の1つであり，単純に全ての個体を計数できない場合や，第2章で検討した標準的な標本抽出法が何らかの理由で実用的でない場合に用いられる．たとえば，調査領域が非常に広く，対象種が希少な場合，調査領域から無作為に選択されたコドラートに個体が含まれない場合もありうる．しかし，領域内の長い測線を移動すれば，個体をいくらか検出できるかもしれない．

　対象の大きさやその他の変数が検出確率に影響する場合があり，見逃した対象について補正を行うためにこれらの変数をモデルに含めることがある．ライントランセクト標本抽出などの特殊な方法では動物の密度や数を正確に推定することは常に困難であり，どのような方法であっても最終的に得られる推定値は置かれた仮定に依存する．これらの仮定が正しくない場合には，推定値が真の値と大きく異なる可能性がある．

4.2　ライントランセクト標本抽出の基本的な手続き

　ライントランセクト標本抽出では，図4.1に示すような2種類のデータが記録される．具体的には，(1) トランセクト測線からの垂直距離 x，または (2) 発見距離 r と角度 θ のいずれかである．しかし，発見距離と角度に基づく調査には偏りが生じることが知られており，ここでは簡単な説明を与えるのみとする．

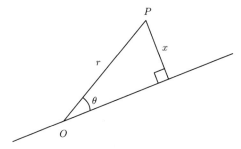

図 4.1　ライントランセクト標本抽出で収集される統計データを図式で表す．O と P の文字はそれぞれ，観測者と検出対象の位置を表す．点 P からトランセクト測線までの垂直距離を x，観測者から見た対象の発見距離を r，発見角度を θ で表す．

　ライントランセクト標本抽出では通常，以下のような仮定が置かれる.

1.　トランセクト測線上の対象は全て検出される.
2.　対象は，検出が記録されるより前に観測者に反応して動くことはない.
3.　対象は一度だけ計数される.
4.　対象は最初に検出された時点で記録される.
5.　距離は誤差なく測定される.
6.　トランセクト測線は調査領域内に無作為に配置される.

さらに，標準誤差を推定するために以下のような仮定を置く場合もある.

7.　検出は独立な事象であり，検出される対象の数はポアソン分布に従う.

4.3　検出関数

　ライントランセクトデータの解析で最も重要な要素は検出関数（detection function）の推定である. この関数（ここでは $g(x)$ と表記する）は，トランセクト測線から垂直距離 x にいる対象が検出される確率を表す. 前節で述べた仮定 1 より，$x = 0$ で対象が検出される確率は 1.0 である.

$$g(0) = 1.0$$

$x = 0$ の時に $g(x) = 1.0$ となるよう基準化した半正規検出関数（正規分布の密度関数の半分，正の領域のみ）を検出関数とする場合には，図 4.2 に示すような形になる.

　仮定 1〜6 より，幅 $2w$ の調査帯における対象の平均検出確率は以下のように推定される.

$$\hat{P}_w = \frac{1}{w\hat{f}(0)} \tag{4.1}$$

ここで $f(x)$ は観測された距離 x の確率密度関数を表す. この式を用いるために，図 4.3 に示すように，観測された x の値の相対度数分布図に曲線を当てはめて関数 $f(x)$ を推定し，$x = 0$ の縦軸と $f(x)$ の交点から $\hat{f}(0)$ を推定する. 推定検出確率 $\hat{P}_w$ を用いて，対象の総数 $\hat{N}$ は以下のように推定される.

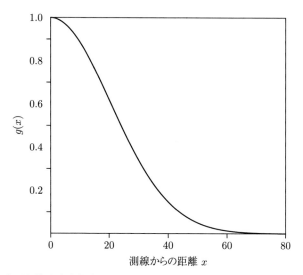

図 4.2 半正規検出確率曲線の図. 横軸の単位は任意である. 曲線 $g(x)$ の高さは $g(0) = 1.0$ となるよう基準化されている.

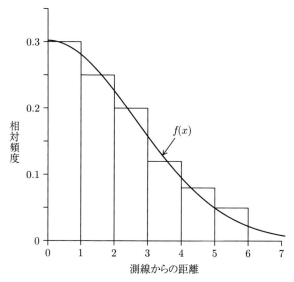

図 4.3 対象からトランセクト測線までの距離の観測値の相対度数分布図に当てはめた曲線 $f(x)$.

$$\hat{N} = \frac{n}{\hat{P}_w} \tag{4.2}$$

ここで n は調査で実際に検出された対象の数であり，遭遇率 (encounter rate) と呼ばれることもある[2]．

　幅 $2w$，長さ L の調査帯で n 個体の対象が検出された場合，観測された密度は $n/2Lw$ である．これを式 (4.1) で示される対象の平均検出確率で割ることで，検出に関する偏りが補正される．

$$\hat{D} = \frac{n/2Lw}{1/w\hat{f}(0)} = \frac{n\hat{f}(0)}{2L} \tag{4.3}$$

この式ではトランセクト調査帯の幅が相殺されることに注意してほしい．そのため，発見距離に上限を設けずにライントランセクト調査を行うことも可能である．しかし，データ収集後に w の上限値を設定して，最も極端な観測値の数パーセントを外れ値として除外するほうがよいことが知られている．

　対象が群れを形成する場合には，より一般的な密度の推定式が用いられる (Buckland et al., 2001 を参照されたい)．調査で検出された対象の数 n を群れの数の期待値の推定値と解釈し，式 (4.3) に母集団における群れサイズの期待値の推定値 $\hat{E}(s)$ を乗じることで以下が得られる．

$$\hat{D} = \frac{n\hat{f}(0)\hat{E}(s)}{2L} \tag{4.4}$$

対象が群れを形成しない場合（全ての対象が単独で検出される場合）には $\hat{E}(s) = E(s) = 1$ となり，式 (4.4) は式 (4.3) と等しくなる．

　検出関数の選択が得られる推定値に大きく影響する場合がある．ノンパラメトリックな手法として以下のようなものがある．

a.　目で見て主観的に曲線を当てはめる．
b.　フーリエ級数近似を用いる．
c.　指数べき級数近似を用いる．
d.　指数多項式近似を用いる．

---

2)【訳注】遭遇率は通常，単位調査努力量当たりの検出対象数と定義される．

e. 主要関数（key function）と呼ばれるものを用いる．$g(x) = \text{key}(x)\{1 + \text{series}(x)\}$のように，級数（series）による調節が付く．

トランセクト測線から対象までの距離xに標準的な統計分布を仮定しないため，これらはノンパラメトリックと呼ばれている．一方でパラメトリックな手法として，xについて以下の仮定を置く2つの方法がある．

f. 負の指数分布に従う．

g. 半正規分布に従う．

前述のように，データには極端に大きな距離が観測値として含まれる場合がある．こうした状況が生じた場合にはこれらを切断することが提案されている．すなわち，測線から遠い観測値を除去するのである．Buckland et al.（2001）では2つの経験則が推奨されている．1つは極端な距離の少なくとも5%を切断するという，最も単純な方法である．もう1つは，全ての距離を用いて予備的な検出関数$\hat{g}(x)$を推定し，$\hat{g}(x) \geq 0.15$を満たす距離だけが残るように大きな距離xを除去する方法である．

検出関数は，$x = 0$の時に検出確率が1であるという条件を満たす限り，気象や観測者の熟練度などの要因に依存する単純な関数を混合して表現できることが，数学と計算機シミュレーションを用いて示されている．検出関数の選択と切断については Buckland et al.（2001）を参照されたい．

例4.1　水鳥の巣の標本抽出

Anderson and Pospahala（1970）は，半幅$w = 8.25$フィートのトランセクトを合計$L = 1600$マイル歩いてカモ類の巣の密度を調査した．8フィート以内に$n = 534$個の巣が検出され，図4.4に示す観測値の相対度数分布図が得られた．L. McDonald（2011, 未発表原稿）は，観測された距離の分布に曲線を当てはめるための，式（4.1）に基づく巧妙な「目測」の手続きを提案した．この方法では，wと度数分布図の棒の数を等しくすることが重要である．この例では，関数$f(x)$の原点における高さが1フィート当たりおおよそ$\hat{f}(0) = 0.1457$と推定される．この調査におけるカモの巣の検出確率は以下のように推定される．

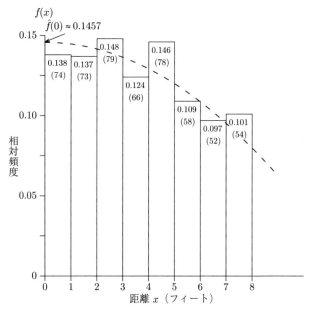

図 **4.4**　Anderson and Pospahala（1970）の調査におけるカモ類の巣までの垂直距離の相対度数分布図．各距離階級における巣の数の割合を示す．括弧付きの数字は各区間内で検出された巣の計数値である．

$$\hat{P}_w = \frac{1}{w\hat{f}(0)} = \frac{1}{8 \times 0.1457} = 0.86 \qquad (\text{つまり } 86\%)$$

式（4.2）より，巣の数は以下のように推定される．

$$\hat{N} = \frac{n}{\hat{P}_w} = \frac{534}{0.86} = 621$$

これに基づくカモの巣の密度の推定値は，式（4.3）より以下のようになる．

$$\hat{D} = \frac{534 \times 0.1457}{2 \times 1600 \times 5280} = 0.000004605 \text{ 個/平方フィート}$$

1 平方マイル当たりでは 128.4 個の巣があることになる．$L = 1600 \times 5280$ フィートとして計算されていることに注意してほしい．

　Anderson and Pospahala（1970）では，度数分布図の棒の上部の中点に 2 次多項式を当てはめている．解析の手続きの定式化は若干異なっているが，$f(0)$ を $\hat{f}(0) = 0.1442$，1 平方マイル当たりの巣の数を $\hat{D} = 127.1$ 個とそれぞれ推定しており，同等の結果が得られている．

$x = 0$ における観測距離の確率密度 $\hat{f}(0)$ の推定には，前述のパラメトリック手法またはノンパラメトリック手法のいずれかを用いることが最も一般的である．たとえば，従来のライントランセクト標本抽出の研究ではフーリエ級数を用いて $f(x)$ が近似されていた．現在では，ライントランセクト解析（および定点トランセクト解析：4.8 節を参照）の標準的なプログラムである Distance (Thomas et al., 2009) に多数の密度推定の方法が実装されている．Distance ではフーリエ級数を直接選択できないが，一様主要関数 $1/w$ と以下の余弦級数展開で与えられる調節を組み合わせることで構築は可能である[3]．

$$\sum_{j=1}^{m} a_j \cos\left(\frac{j\pi x}{w}\right)$$

例 4.2 水鳥の巣の標本抽出（続き）

密度関数がフーリエ級数で近似できること，巣の数がポアソン分布に従うこと，巣の発見が独立な事象であることを仮定して距離データを 8 つの区間に変換して解析すると，$\hat{f}(0) = 0.1477$ となり，$\hat{D} = 130.1$ 個/平方マイルと推定される．巣の密度の 95% 信頼区間は 114.0〜148.5 個/平方マイルである．

式（4.1）と式（4.3）を用いて，推定式をより直感的に示そう．カモの巣の密度の観測値は以下の通りである．

$$\hat{D} = \frac{n}{2Lw} = \frac{534}{2 \times 1600 \times (8/5280)} = 110.14 \text{ 個/平方マイル}$$

トランセクト測線から 8 フィート以内に巣を発見する平均確率は，次の式より約 0.8463 と推定される．

$$\hat{P}_w = \frac{1}{w\hat{f}(0)} = \frac{1}{8 \times 0.1477} = 0.8463$$

最終的に，検出に関する偏りを調整した観測密度は以下のようになる．

$$\hat{D} = \frac{1}{\hat{P}_w}\frac{n}{2Lw} = \frac{110.14}{0.8463} = 130.1 \text{ 個/平方マイル}$$

度数分布図の図示や計算の際には単位に注意する必要がある．トランセクト長 L の単位は度数分布図の 1 階級の幅でなければならない．カモの巣の例では以下の

---

3)【訳注】ここで m は調節項の数，a_j は j 次の調節項の係数である．

通りである.

$$\hat{f}(0) = 0.148 \text{（1フィート当たり）}, \; L = 1600 \times 5280 \text{フィート}$$

もし階級の幅が 0.5 フィートなら

$$\hat{f}(0) = 0.148/2 = 0.074 \text{（0.5フィート当たり）}$$

であり, 密度は以下のように求められる.

$$\hat{D} = \frac{534 \times 0.074 \times 2}{2 \times 8448000} = 0.000004678 \text{個/平方フィート}$$

　グループ化されたデータの階級幅が異なる場合には, 度数分布図を図示して関数 $f(x)$ を当てはめる際に誤りを生じることが多い. この場合, 度数分布図の棒の高さ（と面積）を調整して, 全ての棒の合計面積が 1.0 になるようにしなければならない. この調整を行わないと, 検出関数を誤って認識する恐れがある.

4.4　発見距離と角度に基づく推定

　一般に, 図 4.1 に示すように発見距離 r と角度 θ を記録するよりも, トランセクト測線からの距離 x を記録するほうが望ましいことは先に述べた通りである. しかし, 何らかの理由で r と θ を用いる必要がある場合でも, 密度を推定する方法はある. その1つが Hayne（1949）の方法である. これは円形のフラッシング・エンベロープ（flushing envelope）[4] を仮定する方法である.

　基本的な推定量は以下の通りである.

$$\hat{D} = \frac{1}{2L} \sum_{i=1}^{n} \frac{1}{r_i}$$

たとえば, 長さ $L = 1000$ メートルのトランセクト上で $(5, 3, 1, 2, 4)$ の5つ

---

[4]【訳注】接近する観測者に対して対象動物が逃避行動を取る, 観測者を中心とした円形範囲のこと. Hayne（1949）では観測者が逃避した個体までの距離を記録することが想定されている.

の発見距離 r_i（メートル）を観測したとすると，逆数 $1/r_i$ はそれぞれ 0.200,
0.333, 1.000, 0.500, 0.250 であり，その合計は 2.283 である．この時，対象
の密度は以下のように推定される．

$$\hat{D} = \frac{1}{2 \times 1000} \times 2.283 = 0.00114 \text{（1平方メートル当たり）}$$

4.5 ライントランセクト標本抽出における標準誤差の推定

　現在，Distance プログラムには汎用的なオプションが実装されている．こ
れにより，観測距離に（適合度や情報量規準などの観点から）最も適した検出
関数と，それに対応する密度と個体数量の推定値を手元のデータから得るため
の手法を多くの中から選択できる．標準距離標本抽出の状況では，ユーザー
は4つの主要関数と3つの級数調節を選択できる（表 4.1 を参照）．さらに，測
線の距離を用いて密度推定量の標準誤差を推定するためのオプションがある．

表 4.1　距離データに右側切断を適用できる場合の Distance の主要関数と級数調節.

主要関数	形式	級数調節	形式
一様	$1/w$	余弦	$\sum_{j=2}^{m} a_j \cos(j\pi x/w)^*$
半正規	$e^{-\frac{x^2}{2\sigma}}$	単純多項式	$\sum_{j=2}^{m} a_j (x/w)^{2j}$
ハザード率	$1 - e^{-(x/\sigma)^{-b}}$	エルミート多項式	$\sum_{j=2}^{m} a_j H_{2j}(x/w)$
負の指数	e^{-ax}		

出典　*"Distance User's Guide"* の第8章に掲載されている表から引用．Thomas, L., Laake,
　　　J.L., Rexstad, E. et al. (2009). *Distance 6.0.* Release 2. Research Unit for
　　　Wildlife Population Assessment, University of St. Andrews, UK (http://www.
　　　ruwpa.st-and.ac.uk/distance/)[5].

　注　ここで，x は距離，w は切断距離，σ, a, b はモデルパラメータである．エルミート多項式関
　　　数 $H_n(x/w)$ は Stuart and Ord (1987, pp. 220–227) で定義されている．

　＊　一様主要関数を用いる場合は $j=1$ から m までの総和となる．

---

5)【訳注】2022年7月25日現在，アクセスできなくなっている．Distance の最新版は https:
　//distancesampling.org/ より入手可能であり，ソフトウェアをインストールすることでユー
　ザーガイドも利用できるようになる．

Distanceでは，層の水準と標本が1つだけの場合に標準誤差が推定される．密度推定量の標準誤差は，標本領域内の対象の数（遭遇率）と検出確率の標準誤差を組み合わせて求められる．Buckland et al.（2001）の式（3.68）で示されているより一般的な式では，標準誤差の式の3つ目の要素として群れサイズの期待値が含まれている．これら3つの要素のうち，遭遇率の標準誤差は最も推定が難しく，標本が小さい場合には推定に偏りが生じる可能性がある．これらの式では，標本領域内の対象の数がポアソン分布に従い，調査領域内における対象の配置が無作為であることが仮定される．しかし，可能であれば，こうした特定の仮定を用いることなく，標本抽出の過程を反復して得られた結果から標準誤差を直接推定するほうが望ましい．

　標本抽出過程の真の反復は物理的に明確なものであるべきであり，無作為化の手続きによって全ての個体の検出機会が等しくなるように調査領域内に配置されなければならない．測線，または測線の集まりの独立な反復がある場合には，密度は反復ごとに推定し，密度の標準誤差は（測線の長さが大きく異なる場合は測線の長さで重み付けした）平均密度の通常の標準誤差を求めることで推定すべきである．トランセクト測線の反復を用いた遭遇率の標準誤差の推定方法については，Fewster et al.（2009）およびDistanceのユーザーガイド第8章を参照されたい．独立な測線の反復や系統的な測線の集まりにおいて十分な検出が得られず，密度を個別に推定できない場合には，トランセクト測線の再標本抽出を行い，ブートストラップ法によって分散を推定することが望ましい．

4.6　大きさに基づくライントランセクト調査

　Drummer and McDonald（1987）は，対象の大きさが検出確率に影響する場合のトランセクト調査の利用について検討した．Drummer et al.（1990）では，個体の群れから構成される個体群（ラッコ *Enhydra lutris*）や，カリブー（*Rangifer tarandus granti*）の糞塊を対象とした応用を検討している．グルー

プ[6]) の大きさが検出確率に影響する場合，観測されるグループの大きさの平均
には偏りがあり，個体密度の過大評価につながってしまう．このような状況に
おけるデータ解析については Buckland et al.（2001, 2004）を参照されたい．

4.7 測線上の検出確率が1未満の場合

観測者の偏りやその他の問題により，トランセクト測線上の対象は100%
検出されるという仮定が妥当でない場合もあるかもしれない．Quang and
Lanctot（1991）は，測線上の検出率が100% 未満かつ検出関数が単峰型の場
合にライントランセクト標本抽出の理論を拡張した．測線上では100%の確率
で検出されるという仮定は，完全に検出できる測線がトランセクト測線と平行
して未知の距離だけ離れて存在するという仮定に置き換えられる．ユーコン平
原国立野生生物保護区における航空調査にこの手法が応用され，シロエリオオ
ハム（*Gavia pacifica*）とハシグロアビ（*Gavia immer*）の推定が行われてい
る．航空機がアビの上空を通過するときの速度の影響で，調査帯の最も内側で
完全な検出を保証することは困難である．検出は最も内側の部分から一定距離
だけ離れたところで完全になるという仮定のほうが合理的である．測線上，あ
るいは調査帯の最も内側の部分や，そこから未知の距離だけ離れたところでは
100% 検出されるという仮定が成り立たない場合，ライントランセクト標本抽
出の理論に基づいて得られる密度の推定値は過小評価となる傾向がある．個体
群サイズがある程度過小に評価されるため，推定の手続きは保守的であると言
える．1つの対処法は，トランセクト標本抽出の一部または全体を2人の観測
者で調査することである[7]．この場合，対象は，観測者Aのみ，観測者Bのみ，
または両方の観測者によって検出される．検出確率は，測線からそれぞれ異な
る距離に位置する観測者の検出に基づいて推定される．Manly et al.（1996）
は，北極圏におけるホッキョクグマの航空調査から得られたデータにこの手法

---

6)【訳注】ここでは個体の群れや糞塊のこと．

7)【訳注】検出確率の推定のために2人の観測者によってデータを取得する方法を，一般に二重観測
　法（double observer method）と呼ぶ．

を用いている．検出確率が共変量に依存するようにこのアプローチを修正することは容易である．Buckland et al.（2001, 2004）では二重観測法を用いた他のアプローチを議論している．

例4.3 マッコウクジラの標本抽出

　マッコウクジラ（*Physeter macrocephalus*）の密度と個体数を推定するために，2005年春にメキシコのカリフォルニア湾でライントランセクト調査が行われた（Díaz-Gamboa, 2009）．8.3ノットの速度で進む船の高さ6.6mの位置に観測台があり，2人の主観測者がレティクルとコンパス付きの7×50双眼鏡を用いて前方180度の視程を調査すると同時に，それとは独立な1人の観測者が360度の視程を調査して主観測者が気づかなかった目撃情報を報告した．偏りを少なくするため，観測はビューフォート風力階級が3以下の状況で行われた．目撃情報のそれぞれについてレティクルの値と目撃角度が報告され，アルゴリズムを用いてラジアルから垂直距離を求めた．1分ごとに地理的な位置とトランセクトの進路を記録した．調査領域は北部，中部，南部の層に分けられた（図4.5）．努力量は北部の層で493.56 km，中部の層で406.01 km，南部の層で1199.81 kmであり，全体では2099.38 kmである．検出関数と群れサイズは全ての層で共通するように推定されたが，遭遇率は各層で別々に推定された．なお，2個体以上が互いに体長以下の距離で目撃された場合を群れとして扱っている．密度と個体数，分散，信頼区間はDistance（Thomas et al., 2009）を用いて推定された．このとき余弦，単純多項式，エルミート多項式の級数展開を用いたハザード率モデル，半正規モデル，一様モデルを適用し，AIC（Akaike's information criterion; 赤池情報量規準）の値が最も低いものを選択した．また，ゼロ距離において全てのマッコウクジラが検出されるわけではないと仮定し，主要観測者によって検出されなかった個体の割合を独立な観測者による目撃情報を用いて推定した．

　$g(0)$ の推定値は0.81，標準誤差は0.18であった．この推定値は，従来のマッコウクジラの密度推定値を改善するものである．マッコウクジラに典型的な潜水行動によって主要観測者が目撃できない個体もいるため，従来は密度を過小評価するのが普通であった（Barlow and Sexton, 1996）．中部と南部の層における89の目撃例で合計132頭のマッコウクジラが観測された．群れサイズの平均は1.4頭，その標準誤差は0.07頭であった．マッコウクジラを目撃した際の垂直距離の頻度に基づき，図4.6に示すように距離分布は5.5 kmで切断し，それ以上の距離の観測データは全て破棄した．余弦級数展開による一様モデルが選択されて

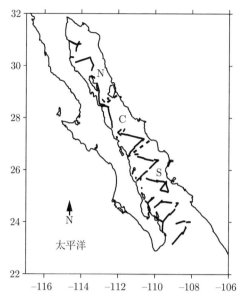

図 4.5　ライントランセクト標本抽出によるメキシコ・カリフォルニア湾のマッコウクジラの目視調査. トランセクトは, カリフォルニア湾の北部（N）, 中部（C）, 南部（S）の3つの層に分けられている.

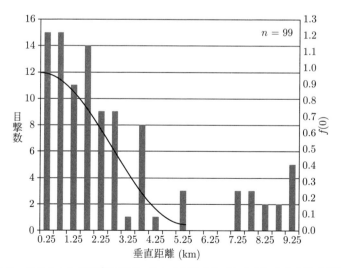

図 4.6　カリフォルニア湾でのマッコウクジラのライントランセクト標本抽出における, 目撃時の垂直距離の度数分布図. 当てはめた検出関数も示している（本文を参照）.

いる．推定された $f(0)$ の値は $0.344\ \mathrm{km}^{-1}$ であり，変動係数（% CV）は 4.46 であった．層ごとのマッコウクジラの密度と個体数の推定値を表 4.2 に示す．

表4.2　2005 年春のメキシコ・カリフォルニア湾におけるマッコウクジラの密度と個体数の推定値.

層	北部				中部				南部			
パラメータ	E	%CV	LCL	UCL	E	%CV	LCL	UCL	E	%CV	LCL	UCL
n/L	0	—	—	—	0.071	95.25	0.013	0.389	0.038	41.90	0.017	0.086
D	0	—	—	—	0.021	102.11	0.003	0.121	0.011	55.77	0.004	0.031
N	0	—	—	—	595	102.11	103	3427	987	55.77	353	2759

注　E：推定値，LCL：95% 下側信頼限界，UCL：95% 上側信頼限界，n/L：遭遇率（個体/km），D：密度（個体/km²），N：個体数.

4.8　定点トランセクト標本抽出

　定点トランセクト（point transect）とは，測線の長さがゼロのライントランセクトのようなものである．調査領域内にいくつかの定点を選び，それぞれの定点で調査を行う．図 4.7 に示すように，各定点で検出された対象が定点からの距離とともに記録される．この標本抽出法は，その主な利用者である鳥類学者の間で可変円形区標本抽出（variable circular plot sampling）と呼ばれている．Buckland et al.（2001）はこのような研究から得られたデータの解析に関する情報を提供している．

4.9　ライントランセクト標本抽出および定点トランセクト標本抽出のソフトウェアと推定

　スコットランドのセント・アンドルーズ大学は，ライントランセクト標本

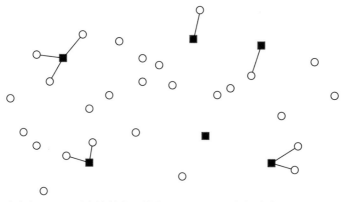

図4.7　定点トランセクト標本抽出の説明図．6つの標本定点（■）において，対象（○）が0〜3個体検出されている．

抽出および定点トランセクト標本抽出とその推定のための標準的なプログラムである Distance をインターネット上で無料で提供している（Thomas et al., 2009）．このプログラムの経緯と現在実装されている手続きに関する説明がプログラムの原作者と貢献者によって出版されている（Thomas et al., 2010）．最新バージョンの Distance では3種類の解析を行うことができる．具体的には，（ライントランセクトと定点トランセクトによる）標準距離標本抽出（conventional distance sampling），多重共変量距離標本抽出（multiple covariate distance sampling），および標識再捕距離標本抽出（mark-recapture distance sampling, MRDS; Borchers et al., 1988）の3つである．最後の方法は二人の観測者で標本抽出を行う場合に有用だが（Manly et al., 1996; Buckland et al., 2010），Distance でこれを扱うためには R 言語で書かれたルーチンと組み合わせる必要がある．Distance の機能を存分に活用したければ，プログラムに付属する362ページのユーザーマニュアルを読む必要がある．

　ライントランセクト標本抽出と定点トランセクト標本抽出におけるパラメータ推定の計算は，最近発表された以下の3つの R パッケージでも実行できる．unmarked（Fiske and Chandler, 2011）と Rdistance（McDonald, 2012），mrds（Laake et al., 2013）である．unmarked は，定点計数，サイト占有標本抽出，ライントランセクト標本抽出，除去標本抽出，二重観測標本抽出などの

調査法で収集したデータに対して様々な階層モデルを当てはめる R パッケージである．大抵の場合，このパッケージでは Distance プログラムで利用可能な解析の一部を実行できる．Rdistance では，Distance において標準距離標本抽出とみなされる手続きを全て実行でき，ガンマ距離関数を当てはめるルーチンも含まれている．Rdistance では一様距離関数に異なるパラメータ化が用いられている．mrds パッケージでは，ライントランセクト標本抽出および定点トランセクト標本抽出において，1 人または 2 人の観測者によって収集された距離標本抽出データを解析できる．ライントランセクト標本抽出と定点トランセクト標本抽出における検出関数と対象の個体数や密度の推定を容易に行えるよう，mrds のより単純なインターフェースである Distance（Miller 2013; 独立型のプログラムと同名）も R で作成されている．

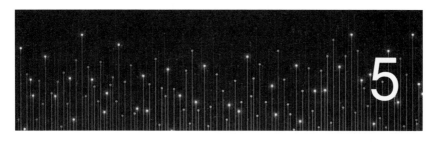

除去法と比の変化法

Lyman McDonald and Bryan Manly

5.1 はじめに

　本章では，動物の個体群サイズを推定する2つの方法を紹介する．1つ目は動物の捕獲と除去を行う除去法（removal method）である．この方法では，動物を除去することが後に発見される動物の数に大きく影響することが想定されている．またこの方法は，動物に固有の標識や目印を付けることができ，後に得られる標本では標識のない動物の割合が顕著に減少する場合にも適用できる．

　2つ目は比の変化法（change-in-ratio method）である．この方法では，特定の種類の動物（たとえば雄）の一部を除去することで，母集団と後に得られる標本において，その種類の動物の割合が大きく変化することが想定されている．あるいは，動物に固有の標識や目印を付けることで，後に得られる標本に含まれる特定の種類の動物（たとえば雄や幼獣）のうち，標識のない動物の割合を変化させる場合もある．

　他の章で取り上げる標識再捕標本抽出の方法と除去法には関連があり，これらの章で紹介する方法より複雑なデータ解析法もある．本章では，対話式のウェブサイト（http://www.mbr-pwrc.usgs.gov/software/capture.html）上のプログラム CAPTURE（White et al., 1978, 1982; Otis et al., 1978; Rexstad

and Burnham, 1992）を用いた解析を推奨する．一方，データに含まれる情報
を直感的に理解できるよう，線形回帰法も紹介する．回帰法は理解しやすく，
より複雑な方法とほぼ同様の結果が得られる．

5.2　除去法

　最も単純な除去法では，動物の個体群から一連の標本を取得し，捕獲した動
物を除去または標識付けする．この標本抽出の方式では，除去や標識付けに
よって，個体群における未標識の動物の数は時間の経過とともに減少し，（標
本抽出を十分長く続けると）最終的に，動物（あるいは未標識の動物）はいな
くなる．もし除去以外の理由で動物の数が変化していなければ，その段階で除
去や標識付けされた動物の総数は初期個体数と等しくなる．

　つまり，除去標本抽出を十分長い期間行えば，個体数の正確な値を知ること
ができる．しかし実際には，少数の標本を取得した時点での結果を外挿して多
数の標本を取得した場合に得られるであろう結果を見積もり，それによって個
体群サイズの推定値を得られる点に，この方法の主な価値がある．本章ではこ
れ以降，捕獲した動物にもれなく標識を付ければ実質的に除去は可能である
（つまり，動物を物理的に除去する必要はない）ことを踏まえて**動物の除去**と
いう言葉を用いている．

　ここでは2つの除去モデルを紹介する．最も単純なモデルは，除去された動
物のその後の標本抽出における捕獲確率がゼロに変化するものである．これ
は，閉鎖個体群の行動モデル，またはモデル M_b[1) や Zippin モデル（Zippin,
1956, 1958）と同等である．捕獲確率の変化は，罠を避けるなどの動物の行動
によるのではなく，動物が除去されたことにより生じるものである．Zippin モ
デルを用いた個体群サイズの推定では，次のような仮定が置かれる．これらの
仮定は，標本抽出の際の期待捕獲数が，まだ除去されていない個体の数に比例
することを保証する．

1）【訳注】7.3.3 節を参照のこと．

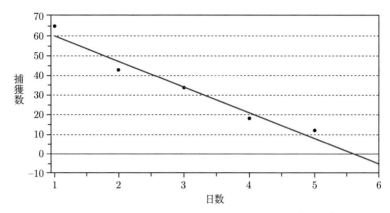

図 5.1 除去法における個体数の減少. 日を重ねるごとにより多くの魚が除去され
る. 除去数の観測値（●）を日ごとに示しており，直線はこれらに当てはめ
た線形回帰線である. この回帰線から，5 日目には約 8 匹の魚が個体群に
残っていることがわかる. したがって，推定される総個体数は，おおよそ
$65 + 43 + 34 + 18 + 12 + 8 = 180$ である.

a. 標本抽出の際，個体群内の捕獲されうる個体はそれぞれ同じ確率で捕獲さ
れる（捕獲確率に不均一性はない）.

b. 標本抽出の期間中に個体群は閉鎖[2]しており，除去による減少を除けばそ
の大きさは一定である.

c. ある個体を捕獲しても，他の個体の捕獲確率は変わらない.

これらの仮定を一般化したモデルでは，個体の除去確率が異なることが許さ
れる.

　例として，ある湖で魚の個体群を 5 日間にわたって一定の調査努力で標本抽
出し，連続した 5 日間に 65, 43, 34, 18, 12 匹の魚を除去したとしよう. 数の
減少は除去によるものであり，5 日目までにほとんどの魚が捕獲または標識さ
れたと考えるのが妥当である. これに基づき，図 5.1 に示すように，5 日目よ
り後に標本抽出される魚の数を外挿することで，もともと湖にいた魚の総数を

---

2)【訳注】出生・死亡・移入・移出による個体の出入りがない個体群を，人口学的に閉鎖した個体群
（demographically closed population）と呼ぶ. 7.2 節を参照のこと.

推定できる. 推定される総数は約 180 となる. 計算機プログラム CAPTURE を使って Zippin モデルの計算を行うと, Zippin モデルの仮定の下での推定値は 196, 標準誤差は 9.9 となり, 5 日目に調査地に残っていたのは 24 匹だと推定される.

2 つ目の例として, サイズ $N = 100$ の個体群で仮定が成り立ち, 毎回残りの個体の 20% が捕獲されると期待される状況を考えよう. 1 回目の捕獲個体数の期待値は $z_1 = 20$ 個体である. 2 回目の捕獲では, 残りの 80 個体のうち 20%, $z_2 = 16$ 個体が捕獲されると期待される. 3 回目の捕獲では, $z_3 = 12.8$ 個体が捕獲されると予測される. これは生じ得ない値であり, 標本データとモデルの値は完全には一致しない. さらに続けて, 4 回目と 5 回目の期待捕獲個体数はそれぞれ $z_4 = 10.24$, $z_5 = 8.192$ となる. 5 回の捕獲を終えた時点での残りの個体数の期待値は, $100 \times (1 - 0.2)^5 = 100 \times (0.8)^5 = 32.768$, つまり約 33 個体である. 捕獲個体の総数の期待値は $(z_1 + z_2 + \cdots + z_5) =$ 約 67 個体である. この結果を一般化すると, 個体群サイズと捕獲確率, 捕獲個体総数を関連付けるモデルを構築できる.

仮定 a, b, c が成り立つとして, z_i を i 番目の標本での捕獲個体数, N を真の個体数, p を残りの個体のうち 1 つの標本当たり捕獲される個体の割合, n を標本数とする. この時, 一連の捕獲で期待される捕獲個体数は, $z_1 = Np$, $z_2 = N(1-p)p$, $z_3 = N(1-p)^2 p$ となり, 一般に $z_i = N(1-p)^{i-1} p$ である.

n 回の除去後に残る個体数の期待値が $N(1-p)^n$ であることに注目すると, もう 1 つの近似関係が得られる. この値に除去された個体数を加えると N になることから,

$$N \approx (\text{除去された個体数}) + N(1-p)^n$$

であり, これは以下のように表される.

$$N \approx (z_1 + z_2 + \cdots + z_n) + N(1-p)^n$$

この式を N について解くと, N, 捕獲個体総数 $\sum z_i$, p の関係を表すモデルが得られる.

$$N \approx \frac{z_1 + z_2 + \cdots + z_n}{1 - (1-p)^n} \tag{5.1}$$

数値例に戻り，捕獲個体総数が 67 だとすると，式 (5.1) から次の結果が得られる．

$$N \approx \frac{67}{1 - 0.8^5} = 99.7$$

このように，式 (5.1) は実際のデータから N の推定値を生成する．

i 番目の標本で期待される捕獲個体数は $z_i = N(1-p)^{i-1}p$ である．この式の両辺の対数をとることで，以下の近似的な線形関係が得られる．

$$\log(z_i) \approx \log(N) + \log(p) + (i-1)\log(1-p)$$

これを以下のように整理する．

$$\log(z_i) \approx a + (i-1)b$$

さらに以下のように表す．

$$y_i \approx a + bx_i \tag{5.2}$$

ここで，$y_i = \log(z_i)$，$x_i = i - 1$，直線の傾きは $b = \log(1-p)$ である．したがってこの式は，i 番目の標本で除去される個体数の自然対数のモデルとなる．

式 (5.1) と (5.2) に基づき，Soms (1985) は以下のような N と p の推定法を提案している．まず，標本 $i = 1, 2, \ldots, n$ について，$y_i = \log(z_i)$ と $x_i = i - 1$ の値を計算する．次に，式 $y_i = a + bx_i$ を通常の線形回帰法で当てはめ，傾き b の推定値を求める．式 (5.2) より $b = \log(1-p)$ であるから，$\log(1 - \hat{p}) = b$ を解くことで p の推定値が求まる．すなわち

$$\hat{p} = 1 - \exp(b) \tag{5.3}$$

である．N の推定量として，式 (5.1) より以下が示唆される．

$$\hat{N} = \frac{z_1 + z_2 + \cdots + z_n}{1 - (1 - \hat{p})^n}$$

または以下のようにも表せる．

$$\hat{N} = \frac{(\text{捕獲個体総数})}{1 - (1 - \hat{p})^n} \tag{5.4}$$

Soms (1985) は，式 (5.3) と (5.4) による推定値が，Zippin (1956, 1958) により開発されたより複雑な方法で得られる推定値と同程度に良いことを示し

ている. Soms はまた，回帰推定量の分散に関する次の式を示し，個体群サイズ N が 200 程度以上であれば十分な結果が得られそうだと述べている.

$$\mathrm{Var}(\hat{N}) \approx N \left(\frac{q^n}{1-q^n} \right) \left(1 + \frac{n^2 q^n}{1-q^n} \sum_{i=1}^{n} \frac{c_i^2}{s_i} \right) \tag{5.5}$$

$$\mathrm{Var}(\hat{p}) \approx q^2 \sum_{i=1}^{n} \frac{c_i^2}{Ns_i} \tag{5.6}$$

ここで，$q = 1 - p$，$c_i = \{i - (n+1)/2\}/\{n(n^2-1)/12\}$，$s_i = p(1-p)^{i-1}$ である.

Zippin（1956）は 3 日間にわたる夜間の捕獲プログラムで小型哺乳類を標識した例を示している．捕獲数は $z_1 = 165$，$z_2 = 101$，$z_3 = 54$ であった．1950 年代に利用されていた最尤推定値の近似値に基づき，$\hat{N} = 400$（標準誤差 26.3，95% 信頼区間 347〜453），捕獲確率 $\hat{p} = 0.4253$ と推定されている．

Soms の方法では，データ $\{(y_i = \log(z_i), x_i = i-1) : (5.106, 0), (4.615, 1), (3.989, 2)\}$ に線形回帰線を当てはめる．この直線の式は $y = 5.1285 - 0.5585x$ となり，一夜当たり除去される個体の割合の推定値は $\hat{p} = 1 - \exp(-0.5585) = 0.4279$ と Zippin（1956）の推定値に近い値となる．合計で 320 個体が捕獲されており，この値を 3 回の夜の間に個体が捕獲される確率で除することで総個体数の推定値が求められる．その値は $\hat{N} = 320/\{1 - (1-\hat{p})^3\} = 320/0.8128 = 394$ となる．式（5.5）より $\hat{N}$ の分散は 812.37 と推定され，推定標準誤差は $\sqrt{812.37} = 28.5$，95% 信頼区間は $394 \pm 1.96 \times 28.5$ より，下限は 338，上限は 450 となる．

対話型プログラム CAPTURE を用いて一夜当たり除去される個体の割合を最尤推定すると $\hat{p} = 0.4253$ となり，$\hat{N} = 394$，$\hat{N}$ の標準誤差は 22.6，95% 信頼区間は 362〜453 となる．個体数の推定値は，Zippin（1956）の論文（400）と CAPTURE プログラム（394）のどちらも Soms の線形回帰法による値（394）と良く一致する．ただし，CAPTURE プログラムの信頼限界は推定値の非正規性を考慮して調整されているようである（表 5.1）.

表**5.1** 2つの近似法による個体数の推定値とCAPTUREプログラムによる
推定値の比較.

	$\hat{N}$	95%信頼区間	
		下限	上限
Zippin (1956)	400	347	453
Soms (1985)	394	338	450
CAPTURE	394	362	453

例5.1 カニグモの個体群サイズの推定

Soms（1985）では，カニグモのデータを使ってSomsの推定法が説明されて
いる．ある事例では，6つの標本により46，29，36，22，26，23匹のクモが除
去された．この例の計算結果を表5.2に示す．各標本で除去された割合は0.115，
その標準誤差は0.040と推定された．個体群サイズは350，その標準誤差は87.6
と推定された．Somsは除去標本抽出モデルの適合度検定についても述べてい
る．このクモのデータでは，自由度4のカイ二乗値が4.06となった．これは有
意に大きな値ではないので，仮定を疑う理由にはならない．

対話型のCAPTUREプログラムを実行すると，個体群サイズの最尤推定値は
$\hat{N} = 324$，標準誤差は69.03，近似95%信頼区間は240〜532となる．回帰法の

表**5.2** カニグモの除去標本抽出の結果.

標本 i	除去数 z	回帰データ		分散の計算に必要な量		c^2/s
		X	y	c	s	
1	46	0	3.829	-0.143	0.115	0.177
2	29	1	3.367	-0.086	0.102	0.072
3	36	2	3.584	-0.029	0.090	0.009
4	22	3	3.091	0.029	0.080	0.010
5	26	4	3.258	0.086	0.071	0.104
6	23	5	3.135	0.143	0.062	0.327
総計	182					0.699

注 当てはめた回帰式は $y = 3.683 - 0.122x$ である．これより，$\hat{p} = 1 - \exp(-0.122) =$
0.115，$\hat{q} = 0.885$，$\hat{N} = 182/(1 - 0.885^6) = 350.3$ となる．式（5.5）において，
N と q をそれぞれの推定値に置き換えることで $\mathrm{Var}(\hat{N}) \approx 7801.2$，$\mathrm{SE}(\hat{N}) \approx 87.6$
を得る．同様に，式（5.6）より $\mathrm{Var}(\hat{p}) \approx 0.0016$，$\mathrm{SE}(\hat{p}) \approx 0.040$ となる．

結果（$\hat{N} = 350$，推定標準誤差は 87.6）と比較してほしい（表 5.2）.

　CAPTURE プログラムでは，異なる標本時点の間で捕獲確率は等しいという仮定を緩和できる．こうした不均一な除去モデルは M_{bh} と表記され，特に水産科学分野で広く使われている．このモデルを使うと，推定個体群サイズと標準誤差は Zippin モデルの場合と同じになる．

5.3 比の変化法

　比の変化法の原理は以下のようなものである．ある個体群に雄と雌のように区別できる 2 種類の個体がおり，ある初期の時点においてその比が推定されている時に，2 種類のうち一方の個体を一定数除去した後に再びその比を推定する．この時，個体群の変化は除去によってのみ生じたと仮定すれば，初期の時点での個体群サイズを推定できる．魚や野生動物をその性や大きさによって選択的に捕獲すると，しばしば残された個体の比に変化が生じ，この手法を適用できるようになる．たとえば，カニ漁では一定の大きさの雄のみを捕獲することがある．大型の雄を既知の数だけ捕獲した後には，雌に対する雄の比や，小型の雄に対する大型の雄の比が変化すると予想される．個体群から個体を除去する必要はなく，個体に標識や目印を付けても構わない．たとえば，捕獲後に既知の数の雄だけが標識されると，標識されていない雄と雌の比が変化することが予想される．この手法の最初の応用例は，雄と雌を区別してシカを除去した結果，個体群で生じる性比の変化について述べた Kelker（1940; 1944）によるものと思われる．

　最も単純な例は，個体群が 2 つの部分集合に分けられる場合である．調査の開始時に，部分集合の比を推定するための調査を行う．続いて，部分集合の要素を既知の数だけ除去するか，標識を付ける．その後，2 回目の調査を行い，部分集合の比を再び推定する．以下では個体の除去を想定するが，個体は捕獲して標識すれば実質的に除去できることを理解してほしい．

　個体群サイズの推定に求められる重要な仮定は，1 回目と 2 回目の標本のそ

れぞれで2つの部分集合に遭遇する確率は等しいということである.ただし,1回目と2回目で遭遇確率が異なっても構わない.他にも2つの仮定が必要である.除去された(または標識された)個体の数は把握されていなければならない(実際には,正確な推定値が用いられる場合がある).最後に,加入・移入・移出・未知の死亡はなく,したがって個体群は閉鎖していなければならない.そのため,2回の標本調査の間隔は短く,動物が移動しない時期に行う必要がある.

この方法の数学的基礎を理解できるよう,2種類の個体を X, Y と分類しよう.標本調査の2時点を $i = 1, 2$ として,以下を定義する.

$$x_i : \text{時点 } i \text{ の個体群における } X \text{ 型の個体数}$$
$$y_i : \text{時点 } i \text{ の個体群における } Y \text{ 型の個体数}$$
$$N_i = x_i + y_i : \text{時点 } i \text{ における個体群サイズ}$$
$$p_i = x_i / N_i : \text{時点 } i \text{ の個体群における } X \text{ 型の割合}$$
$$r_x = x_1 - x_2 : \text{時点1と2の間に除去された } X \text{ 型の個体数}$$
$$r_y = y_1 - y_2 : \text{時点1と2の間に除去された } Y \text{ 型の個体数}$$
$$r = r_x + r_y = N_1 - N_2 : \text{除去された個体の総数(これまでの定義より得られる)}$$

除去後の X 型の割合は $p_2 = (x_1 - r_x)/(N_1 - r) = (p_1 N_1 - r_x)/(N_1 - r)$ と表される.N_1 について解くと,$N_1 = (r_x - rp_2)/(p_1 - p_2)$ となる.r_x, r_y 個体を除去する前後の個体群を標本調査することで,p_1, p_2 の推定値を得ることができる.p_1, p_2 の推定値をそれぞれ $\hat{p}_1$, $\hat{p}_2$ とすると,N_1, x_1, N_2 はそれぞれ次のように推定できる.

$$\hat{N}_1 = \frac{r_x - r\hat{p}_2}{\hat{p}_1 - \hat{p}_2} \tag{5.7}$$

$$\hat{x}_1 = \hat{p}_1 \hat{N}_1 \tag{5.8}$$

$$\hat{N}_2 = \hat{N}_1 - r \tag{5.9}$$

ここで r_x と r_y は既知であると仮定する.これらを用いて他のパラメータも推定できる.たとえば,時点1における Y 型の個体数は,式 (5.7) から式 (5.8) を引くことで推定できる.

この定式化の下では，2つの型の個体の一方を除去することも，両方を除去することも可能である．また，負の除去を考えることもでき，一方または両方の型の個体を新たに加えても構わない．最後に，個体群管理に重要な捕獲率 $u = r/N_1$ の推定も可能である．

$\hat{p}_1$ と $\hat{p}_2$ がそれぞれ，1回目と2回目に得られたサイズ n_1 と n_2 の標本で観測された割合から推定されるとき，$\hat{N}_1$ と $\hat{x}_1$ の分散はそれぞれ以下の式で近似的に与えられる．

$$\mathrm{Var}(\hat{N}_1) \approx \frac{N_1^2 \mathrm{Var}(\hat{p}_1) + N_2^2 \mathrm{Var}(\hat{p}_2)}{(p_1 - p_2)^2} \tag{5.10}$$

$$\mathrm{Var}(\hat{x}_1) \approx \frac{(N_1 p_2)^2 \mathrm{Var}(\hat{p}_1) + (N_2 p_1)^2 \mathrm{Var}(\hat{p}_2)}{(p_1 - p_2)^2} \tag{5.11}$$

ここで $\hat{p}_i$ の分散は以下で表される．

$$\mathrm{Var}(\hat{p}_i) = \frac{p_i(1 - p_i)}{n_i}\left(1 - \frac{n_i}{N_i}\right) \tag{5.12}$$

これらの分散を推定する際には，必要に応じてパラメータの真値に推定値を代入する．$\hat{N}_1$ の分散と $\hat{N}_2$ の分散は等しく，また $\hat{x}_1$ の分散と $\hat{x}_2$ の分散も等しい．一般に比の変化法では，除去される個体の数が多く，部分集合の1つに対して強い選択性がある場合に精度の高い推定値が得られる．同様に，捕獲個体を標識する場合には，いずれかの部分集合の個体に多くの標識を付ける必要がある．2回の標本調査の間に2つの部分集合の比がほとんど変化していない場合には，誤った結果が得られる可能性がある．

近似信頼限界は通常の方法で計算され，$\hat{N}_1 \pm z_{\frac{\alpha}{2}} \widehat{\mathrm{SE}}(\hat{N}_1)$ および $\hat{x}_1 \pm z_{\frac{\alpha}{2}} \widehat{\mathrm{SE}}(\hat{x}_1)$ となる．ここで，推定標準誤差は推定分散の平方根であり，$z_{\frac{\alpha}{2}}$ は標準正規分布の下でその値を超える確率が $\alpha/2$ となる値である．Seber (1982, p. 363) は，小標本に対してより優れた信頼限界について検討している．

例5.2　ミュールジカの個体群サイズの推定

Rasmussen and Doman（1943）は，ユタ州ローガン近郊のミュールジカの個体群が，1938年から1939年の冬の間に大きく減少したことを報告している．幼獣の割合は，減少前の計数では $\hat{p}_1 = 0.4536$ と推定されたが，減少後は

$\hat{p}_2 = 0.3464$ となった．この地域をくまなく調査した結果，$r_x = 248$ 頭の幼獣の死骸と $r_y = 60$ 頭の成獣の死骸が発見された．

これらのデータに式（5.7）を適用すると次のようになる．

$$\hat{N}_1 = \frac{248 - 308 \times 0.3464}{0.4536 - 0.3464} = 1318.2 \text{ 頭のシカ}$$

また，式（5.8）を適用すると次のようになる．

$$\hat{x}_1 = 0.4536 \times 1318.2 = 597.9 \text{ 頭の幼獣}$$

続いて，以下の推定値が得られる．

$$\hat{y}_1 = 1318.2 - 597.9 = 720.3 \text{ 頭の成獣}$$

$$\hat{N}_2 = 1318.2 - 308 = 1010.2 \text{ 頭のシカ}$$

$\hat{p}_1$，$\hat{p}_2$ の推定に用いた標本の大きさが $n_1 = n_2 = 400$ だったとしよう．すると，式（5.12）より，分散は次のように推定される．

$$\widehat{\mathrm{Var}}(\hat{p}_1) = \frac{0.4536 \times (1 - 0.4536)}{400} \left(1 - \frac{400}{1318.2}\right) = 0.0004316$$

$$\widehat{\mathrm{Var}}(\hat{p}_2) = \frac{0.3464 \times (1 - 0.3464)}{400} \left(1 - \frac{400}{1010.2}\right) = 0.0003419$$

また，式（5.10）より

$$\widehat{\mathrm{Var}}(\hat{N}_1) = \frac{1318.2^2 \times 0.0004316 + 1010.2^2 \times 0.0003419}{(0.4536 - 0.3464)^2} = 95602.9$$

となり，$\widehat{\mathrm{SE}}(\hat{N}_1) = \sqrt{95602.9} = 309.2$ が得られる．これより，大幅に減少する前の個体群サイズの近似 95% 信頼区間は $1318.2 \pm 1.96 \times 309.2$，すなわち 712~1924 となる．幼獣の母集団割合の推定に大標本を仮定した場合でも，これらの信頼区間はかなり広いままである．

$\hat{N}_1$ の分散と $\hat{N}_2$ の分散が等しく，$\hat{x}_1$ の分散と $\hat{x}_2$ の分散が等しいことを利用して，最初と最後の時点での幼獣の数，および最後の時点での個体群サイズについて，近似信頼区間を得ることができる．また，成獣を X 型の個体として扱うことで，最初の時点の成獣の数についての分散，標準誤差，信頼限界を求められる．ただし，ここではこれらの計算を示さない．

5.4 比の変化法と標識再捕法の関係

大きさ N_1 の閉鎖個体群において,時点1に n_1 個体を捕獲し,標識を付けて放すとしよう.時点2で n_2 個体が捕獲され,そのうち m 個体に標識が付いていたとする.第7章で紹介する Lincoln-Petersen 法による個体群サイズの推定値は $\hat{N}_1 = n_1 n_2/m$ となる.比の変化法として見るために,標識された個体を X,標識されていない個体を Y と表そう.時点1では個体群に標識された個体はいないので,$x_1 = 0$,$p_1 = 0$,$y_1 = N_1$ である.しかし,n_1 個体に標識が付けられることにより,標識された個体の負の除去 $r_x = -n_1$ と,標識されていない個体の正の除去 $r_y = n_1$ が生じる.また,除去された個体の総数は $r = r_x + r_y = -n_1 + n_1 = 0$ である.比の変化法で初期個体数を求めるための式にこれらを代入すると,$\hat{N}_1 = (r_x - r\hat{p}_2)/(\hat{p}_1 - \hat{p}_2) = (-n_1)/(-\hat{p}_2) = n_1/\hat{p}_2$ となる.ただし,時点2における標識された個体の割合が $\hat{p}_2 = m/n_2$ と推定されるため,結果として Lincoln-Petersen 推定量 $\hat{N}_1 = n_1 n_2/m$ が得られる.分散は,第7章で示す式か,ここで紹介した式のいずれかによって計算できる.

比の変化法の利用において生じうる実用上の問題として,Pollock et al. (1985) は,2つの型の個体が個体群からの標本として同じようには観測されず,その結果,$\hat{p}_1$ と $\hat{p}_2$ の推定量が偏る可能性を指摘している.しかし,除去される個体の型が1つに限られる場合には,2つの型の個体が同じように観測されるかどうかに関わらず,除去された型の個体数を偏りなく推定できるとしている.そして,2つの型の個体数を推定する方法として3標本のデザインを説明している.片方の型の個体を標本1と標本2の間に除去し,もう一方の型の個体を標本2と標本3の間に除去する場合の推定式は非常に単純である.標本1と標本2の間に両方の型の個体を除去し,標本2と標本3の間にさらに両方の型の個体を除去することも原理的には可能だが,その場合には個体群サイズの推定はやや複雑になる.

Lancia et al. (1988) は,シカのように捕獲数が十分に管理され,狩猟期間が短い個体群の捕獲戦略の一環として,3標本による比の変化法の興味深い応用例を紹介している.この研究では,シカを対象に片方の性のみの捕獲を2回

行うという 3 標本のデザインを用いることで，捕獲枠の達成と個体群サイズの推定が可能であることを示している．

Skalski and Millspaugh（2006）では，USER と呼ばれるソフトウェアプログラムを用いた複数期間の比の変化法の応用が取り上げられている．そこでは複数の型を扱う逐次法に着目し，USER プログラムを使って最尤推定値を計算する方法が説明されている．複数の型を含む比の変化法の別の拡張や，比の変化法と努力量の情報を組み合わせた手法については，Udevitz and Pollock（1991, 1995）が取り上げている．こうした拡張された手法の解析を行うコンピュータプログラムとして，SAS 統計ソフトウェアを用いたものが提供されている（http://alaska.usgs.gov/science/biology/biometrics/cir01/using_sas.php）[3]．

---

3)【訳注】2022 年 7 月 25 日現在，アクセスできなくなっている．

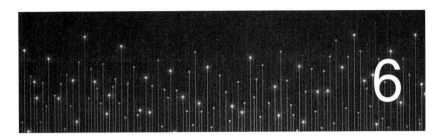

区画なし標本抽出

Jorge Navarro

6.1 はじめに

　標本抽出法は，ある空間に分布する点や対象（木や巣など）の集まりに関する様々な性質（密度や空間パターンなど）を調べるために開発されてきた．多くの場合，領域内の全ての点の地図化や測定は困難である．そのため，野外生態学者にとっては標本抽出が唯一の選択肢であり，領域全体の一部分から点を選択せざるを得ないことが多い．Diggle（2003）は，こうした標本抽出の方法を疎な標本抽出法（sparse sampling methods）と呼び，領域内で地図化された母集団の標本抽出法と区別している．一般に，疎な標本抽出法は，小領域内の点を選択する方法に応じて異なる2種類に分けられる．1つはコドラート標本抽出（quadrat sampling）または区画標本抽出（plot sampling）で，もう1つは区画なし標本抽出（plotless sampling）である．林業や植物生態学の分野ではコドラート標本抽出が昔からよく用いられているが，広い領域で植物の密度を迅速に推定する必要がある場合には区画なし標本抽出も利用されてきた．実際，コドラートに含まれる全ての対象を探すことに時間がかかる場合もあるため，区画なし標本抽出はコドラート標本抽出よりもかなり効率的だとみなされることが多い．

　従来の区画なし標本抽出法は，無作為に選ばれた点から最寄の対象までの距

離と，さらにその最寄の対象から最も近い（または k 番目に近い）対象までの
距離を測定することに基づいており（Kleinn and Vilčko, 2006），そのためこ
れらの手続きは距離標本抽出という名称でも呼ばれている．しかし，距離標本
抽出は，第4章で述べたライントランセクト標本抽出法や定点トランセクト標
本抽出法を指す場合もあるので（Buckland et al., 2001），ここでは**区画なし
標本抽出**という用語を用いる．

　区画なし標本抽出法は次のような状況で有用である．特定の目立つ対象（た
とえば，一定の大きさ以上の樹木）の密度にのみ関心があり，野外において，
定点が規則的に並んだ大きな格子（隣接する定点の結果が独立とみなせるよう
十分な距離が取られている）を配置することや，無作為に配置された定点を多
数選択することが比較的容易である．野外ではまた，最も近い対象を特定して
そこまでの距離を測定することや，続いてその対象から最も近い（または2番
目，3番目に近い）対象を見つけて，そこまでの距離を測定することが比較的
容易である．

　調査領域における対象の密度（単位面積当たりの数）を区画なし標本抽出
を用いて推定する方法は数多く提案されている．その中には，無作為な点を
中心とした $90°$ の各四分円において最も近い個体までの距離を測定する点中
心クオーター法（point-centered quarter method; Cottam, 1947）がある．
しかし，点中心クオーター法や距離法の仲間のほとんどは，空間パターン
が無作為でない場合，密度の推定に偏りを生じてしまう．本章では，Ｔス
クエア標本抽出（T-square sampling）とワンダリング・クオーター標本抽出
（wandering-quarter sampling）と呼ばれる2つの区画なし標本抽出法のみを
紹介する．

6.2　Ｔスクエア標本抽出

　Ｔスクエア法では，点の標本を無作為（または系統的）に調査領域内に配置
する．この時，それぞれの点は互いに独立とみなせる程度に大きく離して配置
する．図6.1に示すように，各点では2種類の距離が測定される．1つ目の距
離 x_i は点 P から最も近い対象 I までの距離，2つ目の距離 z_i は対象 I から最

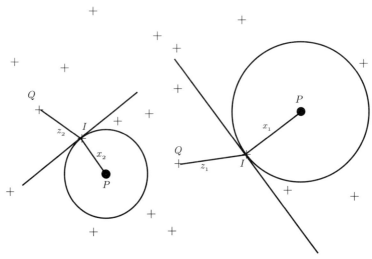

図6.1　Tスクエア標本抽出．調査領域内に2つの点Pを無作為に配置し，最も近い対象Iまでの距離x_iを測定する．次に，直線PIと直線QIの角度が90°以上となる，対象Iから最も近い対象Qを特定し，IからQまでの距離z_iを測定する．

も近い別の対象までの距離である．

　Krebs（1999）は対象の無作為分布の検定について総括し，Hines and O'Hara Hines（1979）が提案した手法を推奨している．その検定統計量は次のように表される．

$$h_T = \frac{2n\left(2\sum x_i^2 + \sum z_i^2\right)}{(\sqrt{2}\sum x_i + \sum z_i)^2}$$

ここで，nは標本の点の数を表す．検定統計量は表6.1に示す棄却値と比較される（表では標本サイズとして$2n$の値を用いる）．ある検定水準αの下で，h_Tの値が表に示された棄却値より低い場合は対象が規則的に，高い場合は集中的に分布することが示唆される．対象の分布が無作為分布とは著しく異なる場合，密度の推定は偏ったものになりやすい．

　対象が無作為に分布しているならば，密度の推定値は直感的に以下のように表せる．

$$\hat{D}_1 = \frac{対象の数}{探索された面積}$$

表 6.1 Hines and O'Hara Hines（1979）の検定統計量 h_T の棄却値.

m ＼ α	規則分布の対立仮説				集中分布の対立仮説			
	0.005	0.01	0.025	0.05	0.05	0.025	0.01	0.005
10	1.0340	1.0488	1.0719	1.0932	1.4593	1.5211	1.6054	1.6727
12	1.0501	1.0644	1.0865	1.1069	1.4472	1.5025	1.5769	1.6354
14	1.0632	1.0769	1.0983	1.1178	1.4368	1.4872	1.5540	1.6060
16	1.0740	1.0873	1.1080	1.1268	1.4280	1.4743	1.5352	1.5821
18	1.0832	1.0962	1.1162	1.1344	1.4203	1.4633	1.5195	1.5623
20	1.0912	1.1038	1.1232	1.1409	1.4136	1.4539	1.5061	1.5456
22	1.0982	1.1105	1.1293	1.1465	1.4078	1.4456	1.4945	1.5313
24	1.1044	1.1164	1.1348	1.1515	1.4025	1.4384	1.4844	1.5189
26	1.1099	1.1216	1.1396	1.1559	1.3978	1.4319	1.4755	1.5080
28	1.1149	1.1264	1.1439	1.1598	1.3936	1.4261	1.4675	1.4983
30	1.1195	1.1307	1.1479	1.1634	1.3898	1.4209	1.4604	1.4897
35	1.1292	1.1399	1.1563	1.1710	1.3815	1.4098	1.4454	1.4715
40	1.1372	1.1475	1.1631	1.1772	1.3748	1.4008	1.4333	1.4571
50	1.1498	1.1593	1.1738	1.1868	1.3644	1.3870	1.4151	1.4354
60	1.1593	1.1682	1.1818	1.1940	1.3565	1.3768	1.4017	1.4197
70	1.1668	1.1753	1.1882	1.1996	1.3504	1.3689	1.3915	1.4077
80	1.1730	1.1811	1.1933	1.2042	1.3455	1.3625	1.3833	1.3981
90	1.1782	1.1859	1.1976	1.2080	1.3414	1.3572	1.3765	1.3903
100	1.1826	1.1900	1.2013	1.2112	1.3379	1.3528	1.3709	1.3837
150	1.1979	1.2043	1.2139	1.2223	1.3260	1.3377	1.3519	1.3619
200	1.2073	1.2130	1.2215	1.2290	1.3189	1.3289	1.3408	1.3492
300	1.2187	1.2235	1.2307	1.2369	1.3105	1.3184	1.3279	1.3344
400	1.2257	1.2299	1.2362	1.2417	1.3055	1.3122	1.3203	1.3258
600	1.2341	1.2376	1.2429	1.2474	1.2995	1.3049	1.3113	1.3158
800	1.2391	1.2422	1.2468	1.2509	1.2960	1.3006	1.3061	1.3099
1000	1.2426	1.2454	1.2496	1.2532	1.2936	1.2977	1.3025	1.3059

注 T スクエア標本抽出における点の数（標本サイズ）を n として，この表では $m = 2n$ を用いる．つまり，$n = 10$ 点の場合は $m = 20$ を参照すること．h_T が規則分布の対立仮説の値より低い場合は，点のパターンは無作為から有意に逸脱して規則的であることを示し，集中分布の対立仮説の値より高い場合は，無作為から有意に逸脱して集中的であることを示す．

$$= \frac{n}{探索された円の面積}$$
$$= \frac{n}{\sum \pi x_i^2} \tag{6.1}$$
$$\hat{D}_2 = \frac{対象の数}{探索された半円の面積}$$

$$= \frac{n}{\sum \pi z_i^2 / 2} \tag{6.2}$$

Byth（1982）によれば，対象の分布が無作為でない場合に対してもより頑健な密度の推定量は次のような形となる．

$$\hat{D}_T = \frac{n^2}{(2\sum x_i)(\sqrt{2}\sum z_i)} \tag{6.3}$$

密度の逆数 $1/\hat{D}_T$ は近似的に自由度 $n-1$ の t 分布に従うので，数学的に扱いやすい．その標準誤差は次で与えられる．

$$\mathrm{SE}\left(\frac{1}{\hat{D}_T}\right) = \sqrt{\frac{8(\bar{z}^2 s_x^2 + 2\bar{x}\bar{z}s_{xz} + \bar{x}^2 s_z^2)}{n}} \tag{6.4}$$

ここで，$\bar{x}$ は点から最も近い対象までの距離の平均，$\bar{z}$ はその対象から最も近い T スクエア近傍までの距離の平均，s_x は点から最も近い対象までの距離の標準偏差，s_z はその対象から最も近い T スクエア近傍までの距離の標準偏差，s_{xz} は距離 x と z の共分散である．

密度の逆数の近似 95% 信頼区間は次のように表される．

$$\frac{1}{\hat{D}_T} \pm t_{0.025, n-1}\mathrm{SE}\left(\frac{1}{\hat{D}_T}\right) \tag{6.5}$$

ここで，$t_{0.025, n-1}$ は自由度 $n-1$ の t 分布の下でその値を超える確率が 0.025 となる値を表す．密度の逆数の信頼区間を求めた後，その逆数を取ることで密度の信頼限界を求められる．

例6.1　ランシング・ウッズの樹木

　T スクエア標本抽出と，それに対応する Byth の式（式6.3）を用いた密度推定の例として，アメリカ合衆国ミシガン州クリントン郡のランシング・ウッズにある 19.6 エーカーの区画の，2251 本の樹木の位置に関するデータを考えよう（Gerrard, 1969）．ここでは元の区画の大きさ（924×924 フィート）が単位正方形となるよう，尺度を修正している．樹木は，植物学上の分類に従って，ヒッコリー，カエデ，レッドオーク，ホワイトオーク，ブラックオーク，その他に区別されている．この例では，ヒッコリーと（レッドオーク，ホワイトオーク，ブラックオークを合わせた）オークについてのみ密度を推定した．このデータセットの

樹木は完全に地図化されている．そのため，密度推定にはTスクエア標本抽出より優れた標本抽出法も利用できることに注意してほしい．ここでは説明のために，これらのデータに対してTスクエア標本抽出を使用する．これには，Bythの式から得られた推定値を区画内の実際の樹木密度と比較できるという利点もある．5×5の格子によって定められる小区画の内部で点を1つ選択することで，$n = 25$個の無作為な点の系統標本を得た．尺度を修正した区画内におけるオークの位置と無作為な点の集まりを図6.2に，対応するヒッコリーの図を図6.3に示す．表6.1の棄却値に基づくHines and O'Hara Hines（1979）の無作為性検定の結果を表6.2に示す．

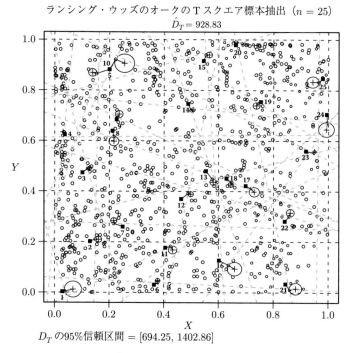

ランシング・ウッズのオークのTスクエア標本抽出（$n = 25$）
$\hat{D}_T = 928.83$

D_Tの95%信頼区間 = [694.25, 1402.86]

図 6.2　ランシング・ウッズにおけるオークのTスクエア標本抽出．単位正方形内の5×5の格子に25個の点（+）を無作為に配置し，各点に最も近いオーク（各円上の点）を特定した．そのオークから最も近いオークを四角の点で示している．Bythの式による密度の推定値$\hat{D}_T$とその95%信頼区間も示している．

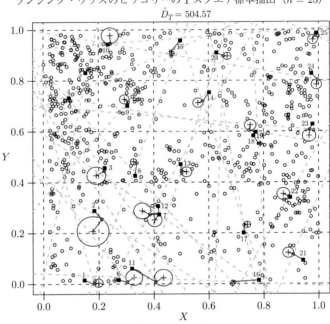

ランシング・ウッズのヒッコリーのTスクエア標本抽出（$n = 25$）

$\hat{D}_T = 504.57$

D_Tの95%信頼区間 $= [368.78, 798.63]$

図 6.3　ランシング・ウッズにおけるヒッコリーのTスクエア標本抽出. 単位正
方形内の5×5の格子に25個の点（+）を無作為に配置し，各点に最も
近いヒッコリー（各円上の点）を特定した. そのヒッコリーから最も近
いヒッコリーを黒い四角で示している. Byth の式による密度の推定値
$\hat{D}_T$ とその95%信頼区間も示している.

表 6.2　5×5格子内の $n = 25$ 個の点を用いたTスクエア標本抽出によるランシ
ング・ウッズのオークとヒッコリーの密度推定.

種	Hines and O'Hara Hines 統計量 h_T	Byth の方法による推定密度 $\hat{D}_T$	D_T の95% 信頼区間	実際の密度 D_T（単位正方形）
オーク	1.25[*1]	928.83	[694.25, 1402.86]	929
ヒッコリー	1.40[*2]	504.57	[368.78, 798.63]	514

[*1]　無作為なパターンからの逸脱は有意でない（$p > 0.05$）.

[*2]　無作為なパターンから集中的なパターンの方向へ有意に逸脱している（$0.01 < p < 0.025$）.

6.3 Tスクエア標本抽出の性能

Zimmerman（1991）は，密度の推定に区画なし標本抽出法を適用する場合に生じうる，好ましくない2つの効果について述べている．第一に，最も近い対象の探索に円形の領域を用いると重なりが生じてしまい，測定値が互いに独立ではなくなる可能性がある．第二に，探索領域の境界付近では，内側の部分に比べて最も近い対象への距離が大きくなる傾向があるため，境界効果が問題となる可能性がある．この2つ目の問題に対処するために，調査領域内の小さな部分領域で探索を行う方法を提案した研究もある．Zimmerman（1991）は，調査領域の縮小が不要な打ち切り法を検討している．これは，効果の推定に最尤法を用いたものである．また，頑健な推定量の一部について，特に対象の配置が無作為でない状況下での性能を調べている．Zimmermanの結論によれば，Byth（1982）の推定量 $\hat{D}_T$ は効率的であり，境界効果や重複の影響，完全な無作為配置からの逸脱に対して頑健である．ただし Hall et al.（2001）は，林業のように点の無作為配置に大きな労力を要する分野では，野外で多くの点を配置する必要のあるTスクエア標本抽出は良い選択肢になり得ないと主張し，区画なし標本抽出の異なる手法として，無作為に配置する開始点の数を減らせる可能性があるワンダリング・クオーター法（Catana, 1963）を推奨している．

区画なし標本抽出の性能をさらに検証した Engeman et al.（1994）では，Byth の式に基づくTスクエア推定量の性能は中程度であると結論している．Steinke and Hennenberg（2006）は，2つの植物個体群の区画計数において，Tスクエア法を含む区画なし標本抽出の密度推定量の検出力をシミュレーションを用いて比較している．独立な2つの個体群の密度を比較するための検定法を開発し，その性能を検証した．空間的に無作為なデータパターンと集中的なデータパターンについて，それぞれシミュレーションを行ったのである．これにより，完全に無作為なデータの場合は，標本抽出の強度が同じなら推定量と検定はいずれも良い挙動を示す一方で，集中的なパターンの場合は，区画なし標本抽出の推定量にはいずれも負の偏りがあり，区画での計数に基づく推定量

は不偏であることが明らかとなっている.

6.4 応用例

　Lamacraft et al.（1983）は，オーストラリア中央部の乾燥した放牧地において，3種の植物の密度推定に最も便利な式を明らかにすべく，いくつかの区画なし標本抽出法を比較した．その結果，点の配置が無作為な場合と系統的な場合のどちらにおいても，Byth（1982）の方法は最も偏りが少ないという結論を得ている．Aerts et al.（2006）は，エチオピアのサバンナにおいて，樹木 *Olea europaea* ssp. *cuspidata* の加入に対する低木の先駆種の影響を調べるためにTスクエア標本抽出を適用した．具体的には，Tスクエア標本抽出を用いて実生のナースプラントを記録している.

　Tスクエア法は人口規模を推定できるように改良されており，特に非常事態における避難民の数の推定に応用されている（Brown et al., 2001; Noji, 2005; Grais et al., 2006; Bostoen et al., 2007）．たとえばHenderson（2009）は，居住家屋を対象にして，（密度の代わりに）居住者の数を計数している．最後に，Ludwig and Reynolds（1988），Diggle（2003），Bostoen et al.（2007, Appendix 1），ErfaniFard et al.（2008）は，Tスクエア法で標本抽出された対象の空間パターンの検定の応用例と代替法を提示している.

6.5 ワンダリング・クオーター法

　ワンダリング・クオーター法は点中心クオーター法を改変したもので，対象の母集団の空間パターンに関する仮定を必要としない．実際，これを用いて，規則的な分布，無作為な分布，または集中的な分布を検出できる．Catana（1963）の元の提案では，データは調査領域に配置された4つのトランセクトから収集される．これらは，並行する2つのトランセクト2組にまとめられ，互いに直行するように配置される．ワンダリング・クオーター法の手続きは次の通りである．まず，各トランセクトにおいて，開始点からトランセクト方向を見て90°以内の領域に位置する最も近い個体を最初の対象とし，開始点から

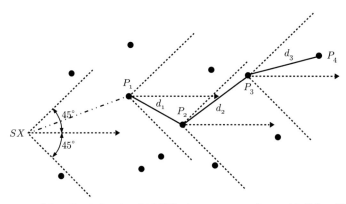

図 6.4 ワンダリング・クオーター標本抽出（Catana, 1963）．S は無作為に選ばれた
点である．S を探索の起点として，トランセクトの方向（矢印で示す）を中心
とした四分円の中で S に最も近い対象が P_1 である．次の四分円において，P_1
から最も近い対象（すなわち P_2）までの距離を d_1 と表す．これは密度推定の
式で用いられる距離である．この手続きを同様に繰り返し，距離 $d_2, d_3, \ldots$ を
測定する．詳細は本文を参照されたい．

対象までの距離を測定する．続いて，最初の対象からトランセクト方向を見て
90° 以内の領域から，最も近い個体を次の対象とし，2 つの対象の間の距離を
測定する．この手続きを，標本抽出領域の境界に到達するか，事前に決められ
た数（25 であることが多い）の対象が見つかるまで継続する．詳細は Catana
（1963）と Tongway and Hindley（2004）を参照してほしい．図 6.4 に，ある
トランセクトにおけるワンダリング・クオーター標本抽出の過程を示す．

4 つのトランセクトで測定された対象間の距離の全て（N 個）をそれぞれ
$d_1, d_2, \ldots, d_N$ と表す．また，対象間の平均距離を以下とする．

$$\bar{d} = \sum_{i=1}^{N} \frac{d_i}{N}$$

調査領域内に対象が無作為に分布する場合，密度は次のように推定される．

$$\hat{D}_{\mathrm{wq}} = \frac{A}{\bar{d}^2} \tag{6.6}$$

ここで A は単位面積であり，$\bar{d}^2$ は全対象の平均面積と解釈される．集中的な
空間分布を示す対象に対しては，Cottam et al.（1953, 1957）が提案した手法

に基づく D_{wq} の推定量を Catana（1963）が開発している.

$$\hat{D}_{wq} = N_{cl} \times N_{itc}$$

ここで，N_{cl} は単位面積当たりのクラスターの数，N_{itc} はクラスター 1 つ当たりの対象の数である．ただし，ここでは無作為に分布する対象の D_{wq} の推定量のみを扱う.

　Diggle（2003）が指摘しているように，ワンダリング・クオーター法は巧妙な方法だが，その普及が進まないのは，比較的長くなりやすい対象間の距離に着目するため，境界問題を生じる（つまり，Catana が $n = 25$ を推奨したことが理由かもしれないが，調査領域の側面にぶつかるなどして n ステップ未満で調査領域の終点に到達してしまう）可能性が高いことが理由だろう．Catana の方法があまり普及していないもう 1 つの理由は，推定値の標準誤差を容易に計算できないことである．Hall et al.（2001）はワンダリング・クオーター法を一般化したブートストラップ法を提案したが，その密度推定量は Catana（1963）が提案したものとは異なっている.

　Diggle（2003）によれば，次の統計量を用いることで対象の空間分布が無作為かどうかを検定できる.

$$I_{wq} = \sum_{i=1}^{N} \frac{\pi \hat{D}_{wq} d_i^2}{2}$$

この統計量は，対象の空間パターンが完全に無作為な場合に χ_{2N}^2 分布に従う（N は距離データの数である）.

例6.2　日本のマツの点パターン

　ここでは，自然林内の正方形の標本抽出領域に生育するクロマツ（*Pinus thunbergii*）の若木 65 本のデータを扱う．沼田（1961）では 5.7×5.7 m の正方形内にある樹木の位置が記録されているが，ここではこの領域を単位正方形に修正し，点データを小数点以下 2 桁に丸める．ランシング・ウッズのデータを使った T スクエア標本抽出の例と同様に若木は完全に地図化されているが，ワンダリング・クオーター法を適用して密度を推定することにより，Catana の式（式（6.6））から得られる推定値と区画の実際の若木密度を比較できる．単位正方形

内にトランセクトを擬似的に配置した．4つのトランセクトは，若木の探索方向
と距離の測定を行うコドラート（クオーター）を定める（図6.5を参照）．クロ
マツの若木65本の空間パターンは無作為に見えることから，この例において式
(6.6) を用いることは全く妥当である（Diggle, 2003）．結果として得られた27
の距離に基づく若木の推定密度は，単位面積当たり $\hat{D}_{\mathrm{wq}} = 63.55$ 本である．

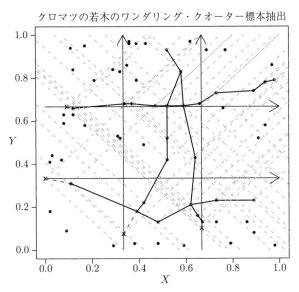

図6.5　ワンダリング・クオーター法を用いてクロマツの若木間の距離を測定す
るためのトランセクト（矢印）の配置と，クオーター（破線で区切られ
た部分）内の軌道（矢印の方向で定まる）の例．各トランセクト測線上
の×印は，クオーター内で最も近い若木を探索するための開始点として
無作為に配置された点である．推定された密度は単位面積当たり63.55
本である（式 (6.6) を用いた）．

6.6　区画なし標本抽出法のさらなる拡張と最近の発展

　Bostoen et al.（2007）は，標本抽出枠が利用できない場合に資源必要量の
計画や健康上のニーズの評価を行うためのデザインとして利用できる T スク
エア法の拡張を提案した．この手続きは基本的に T スクエア標本抽出と最適
化手法の組み合わせであり，2 段階で実行される．第 1 段階では標本サイズの
最適化，第 2 段階では標本抽出された点を結ぶ経路の最適化が行われる．後者
は有名な巡回セールスマン問題（Applegate et al., 2006）を解くことで実行さ
れる．偶然にも，Bostoen et al.（2007）は同じ論文の中で，人間の集団に適
用できる別の標本抽出法としてワンダリング・クオーター法を提案している．

　区画なし標本抽出で空間的なパターンを調べる際に，対象間の角度を用い
る場合もある．たとえば Assunção（1994）は，標本抽出された点から最も近
い 2 つの対象へ延びる直線の角度を測定し，空間的な無作為性を検定するた
めの指標として，平均角度を推定する標本抽出の手続きを提案している．さ
らに，Assunção and Reis（2000）は，T スクエア標本抽出の距離に基づく無
作為性の検定と角度に基づく検定の性能を比較し，検出力の点で Hines and
O'Hara Hines の手続きが最も優れた検定であることを明らかにしている．そ
れでも，Trifković and Yamamoto（2008）は，林分の空間パターンの指標化
に Assunção の角度に基づく手続きを推奨しており，角度の平均値に加えて角
度の測定値の頻度分布が記述されていれば，この指標化は改善されることを注
意している．

　T スクエア標本抽出とワンダリング・クオーター標本抽出は，対象の無作為
な空間パターンの仮定に対して比較的頑健である．しかし最近は，区画なし標
本抽出における密度推定において，対象の母集団に特定の空間パターンを仮定
しない，デザインに基づくアプローチを用いることが注目されている．こうし
た手法の 1 つとして Barabesi（2001）は，（無作為な）点から植物までの距離
に基づいて植物の密度を推定する方法を紹介している．この方法では，カーネ
ル密度推定量を用いて距離の確率密度関数が推定される．

6.7 区画なし標本抽出による密度推定のための計算ツール

T スクエア標本抽出では，必要な情報が図 6.1 に示された x_i と z_i に限られるため，Byth の推定量や関連する推定量による密度推定と標準誤差の計算は単純である．表計算プログラムや R などのプログラミング言語を用いて計算できる．実際，ランシング・ウッズの例では，推定値と標準誤差の計算および作図（図 4.1 と 4.2）は R スクリプトを用いて行った（本書のサポートサイトを参照）．別の選択肢として，Krebs（1999）の本に付属するプログラムである Ecological Methodology（Exeter Software, 2009）でも，T スクエア標本抽出に対する Byth の推定量やその他の推定量を計算する機能が提供されている．

ワンダリング・クオーター標本抽出による密度推定についても，ここで紹介した基本的な計算は任意のスプレッドシートやプログラミング言語を用いて実行できる．一般に，今日の携帯型計算機の機能があれば，本章で説明した迅速な区画なし標本抽出法の密度推定値はいずれも，野外の調査員がすぐに計算できるものである．しかし，様々な仮定（たとえば，対象が過度に集中分布する場合を考慮するなど）の下で推定値を計算できる区画なし標本抽出法のソフトウェアの開発は検討されてもよいだろう．たとえばワンダリング・クオーター標本抽出において，Catana（1963）が最初に提案した手続きを用いて集中分布する対象の密度を推定するためには，計算ツールが必要である．最後に，将来は，ワンダリング・クオーター標本抽出における密度の標準誤差の適切な（たとえば，ブートストラップ法を用いた）推定法が提案され，そのアルゴリズムが計算機に実装されることが望まれる．

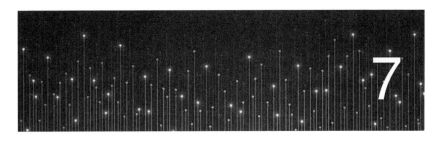

7 標識再捕標本抽出と閉鎖個体群モデルの概要

Jorge Navarro, Bryan Manly, and Roberto Barrientos-Medina

7.1　はじめに

　動物あるいは植物を問わず，個体群の個体数量（abundance）を推定することは，多くの生態学研究において基本的な問題である．動物個体群の場合は移動性があるため，推定は特に重要である．個体群サイズを把握して個体群に作用する力を調べるためには，個体数量推定の問題を効果的に解決する方法論が不可欠である．

　動物個体群の個体数量を推定する方法として，個体の標識，解放，再捕獲を何度か繰り返すことが広く行われている．こうした手法はその手続きから，標識再捕（mark-recapture）法や捕獲再捕獲（capture-recapture）法と呼ばれている．これらの手法では一般に，過去に標識された個体を再捕獲することで動物の個体群サイズが推定される（Williams et al., 2002）．標識再捕法は，個体群の密度，すなわち単位面積当たりに存在する生物の数の推定にも有効である．

　その原理を最初に適用したのは John Graunt と Simon Laplace であるが（いずれも人間の集団を対象としていた），1896 年に水産生物学者である C. G.

J. Petersen によって初めて生態学に応用された. その他の歴史的な応用例として, 1930 年に Lincoln が行ったカモの個体数量の推定や, 1933 年に Jackson が行った昆虫の個体数量の推定などがある (Williams et al., 2002; Amstrup et al., 2005).

本章ではまず, 動物の個体群研究に関心のある生態学者にとって有用な, 標識再捕法の基本的な用語を説明する. 全ての研究において重要な点は, 標本抽出される個体群が閉鎖的か開放的かを特定することである. 閉鎖的であるとは, 時間とともに個体数量が変化しないことを意味する. 開放的であるとは, 標本抽出の各時点の間に個体群に出入りする個体がありうることを意味する. 歴史的には, 最初に閉鎖型の標識再捕法の理論が構築されてきた. 開放個体群モデルと比較して, 必要な手続きもそこまで高度なものではない. そのため本章では, 閉鎖個体群に適用できる標識再捕法に焦点を当て, 開放個体群モデルについては第 8 章で説明する. 本章と第 8 章で紹介する内容やより高度な手法については, Otis et al. (1978), White et al. (1982), Pollock et al. (1990), Williams et al. (2002), Amstrup et al. (2005) が参考になる.

7.2 用語と仮定

標識再捕法において重要な概念は以下の通りである.

1. 標本抽出の方法. 標識再捕法では, 対象の個体群から, 1 日または 1 週間以上の間隔を空けて一連の標本を得る. つまり, 標本抽出は離散的な任意の時点において行われる.

2. 個体群の型. データ解析の手法は閉鎖個体群か開放個体群のいずれかを想定しており, 対象の個体群の型がその選択において重要である. 前述のように, 閉鎖個体群とは, 出生や移入による個体の増加と死亡や移出による個体の減少が最小限であり, 調査期間中に個体群サイズが変化しない個体群である. 対照的に, 開放個体群は, 調査期間中に個体群サイズが変化する.

3. 標識の種類. 3 種類の標識がある. 最も自然な標識は, 各個体に取り付け

たり，色付けしたり，あるいは体の一部を切り取ることで，再捕獲された時に各個体を識別できるようにするものである．2つ目の標識は，日付や標本を示すものである．これにより，調査期間中に個体が捕獲された回数を特定できるようになる．3つ目に，最も大雑把な標識として，単純に標識が付いた個体と付いていない個体を区別するだけのものがある．この標識からは最小限の情報しか得られない．標識によって個体の生存が脅かされてはならないことに注意が必要である．

4. 共変量．標識再捕標本抽出は，個体群パラメータの推定を含む幅広い研究目的で利用される．そこでは，個体の特性（たとえば齢，性，生息地，体重）の違いや特定の出来事（たとえばハリケーンのような壊滅的な撹乱）が関連することもある．そのため，標識再捕法の手続きにおいて共変量の記録が非常に重要な場合がある．これが理由で，標識再捕法の開発の多くは，1つ以上の共変量（説明変数）を用いて個体群パラメータの変化をモデル化することを目的に行われてきた．

これらの基本概念に加えて，標識再捕法にはいくつか共通の理論仮定もある．

1. 標識は全て永続的なものであり，再捕獲の際に正しく識別される．この仮定は調査期間中にのみ適用される．

2. 個体の捕獲・処理・標識付けは，その個体のその後の捕獲確率に影響しない．言い換えれば，捕獲されても個体の捕獲可能性は変わらない．

3. 個体の捕獲は，その個体がその後死亡または移出する可能性に影響しない．また，移出は永続的であり，死亡と区別できない．

4. 標識の有無を問わず，全ての個体が同じ確率で捕獲される．つまり標本抽出は，齢や性，個体の状態などと無関係に，実質的に無作為に行われる．

5. 標識の有無を問わず，個体の死亡確率と移出確率は同じである．つまり，個体が標識されているかどうかは，その個体が個体群を離れる可能性に影響しない．

7.3 閉鎖個体群の手法

7.3.1 Petersen-Lincoln 法

上で述べたように，ある個体群において調査期間中にその個体数が変化しない場合，その個体群は閉鎖的である．こうした個体群では死亡，出生，移入，移出が生じていない．

N 個体からなる動物の個体群から，n_1 個体を無作為に標本抽出したとしよう．これらの動物は標識されてから個体群に戻される．2回目の捕獲の際に，個体群から n_2 個体が捕獲され，そのうち m_2 個体に標識が付いていたとしよう．この時，2つ目の標本に含まれる標識付き個体の割合は，個体群におけるそれの割合とほぼ同じになることが期待できるだろう．つまり $m_2/n_2 \approx n_1/N$ であり，$N \approx n_1 n_2 / m_2$ である．これより，個体群サイズの推定量が次のように得られる．

$$\hat{N} = \frac{n_1 n_2}{m_2} \tag{7.1}$$

この推定量は，水産生物学者からは Petersen 推定量，陸域の野生生物学者からは Lincoln 指数と呼ばれることが多い．これは，Petersen（1896）と Lincoln（1930）によってそれぞれ独立にこの推定量が用いられているためである．しかし，この原理は Laplace（1786）がフランスの人口を推定するために用いたものであり，おそらくそれ以前にも使われていたと考えられる．ここではこれを Petersen-Lincoln 推定量と呼ぶ．

式（7.1）における仮定は以下の通りである．

a. 個体群は閉鎖しており，2つの標本を得る間に個体の増減は生じない．

b. 2つ目の標本は個体群から無作為に選ばれる．

c. 2つ目の標本を得る前に標識が失われることはない．また，2つ目の標本において，標識付き個体はいずれも標識付きであると正しく認識される．

仮定a を（少なくとも近似的に）満たすために，調査は一般に比較的短い期間で行う必要がある．実のところ，仮定a は多少緩和できる．個体の減少はあっても増加はなく，標識の付いた個体と付いていない個体の間で減少率に差

がない場合，$\hat{N}$ は最初の標本時点での個体群サイズを推定することになる.

　式（7.1）を用いる際の潜在的な問題は，m_2 がゼロになり，N の推定値が無限大になってしまう場合があることである．この問題を解決するために修正された推定量がいくつか提案されているが，Chapman（1951）によって提案された以下の推定量が好ましいとされている.

$$\hat{N}^* = \frac{(n_1 + 1)(n_2 + 1)}{m_2 + 1} - 1 \tag{7.2}$$

　この推定量は，$n_1 + n_2 > N$ の場合は不偏（すなわち，研究を多数回繰り返した場合に平均的に正しい値が得られる）であり，それ以外の場合も概ね不偏である．また，この推定量の標準誤差は以下のように推定される.

$$\widehat{\mathrm{SE}}(\hat{N}^*) = \sqrt{\frac{(n_1 + 1)(n_2 + 1)(n_1 - m_2)(n_2 - m_2)}{(m_2 + 1)^2(m_2 + 2)}} \tag{7.3}$$

　これらの推定量に対しては，標本サイズ n_1, n_2 が調査前に固定されているという仮定の下で標準誤差の式が導かれている点に批判がある．Sekar and Deming（1949）は，この仮定を置かずに標準誤差の推定量を導いている.

$$\widehat{\mathrm{SE}}(\hat{N}^*) = \sqrt{\frac{n_1 n_2 (n_1 - m_2)(n_2 - m_2)}{m_2^3}} \tag{7.4}$$

この推定量は偏りが補正されておらず，標本サイズが大きい場合にのみ有効であることが知られているが，実際には式（7.3）とほぼ同じ結果を与える．そのため，式（7.3）は大標本に対してだけでなく，小標本や標本サイズが固定されていない場合にも有効であると考えられる．また，n_1 と n_2 の観測値を条件とした標準誤差こそ，本来注目すべきものであるとも言えるだろう.

例7.1　シカネズミの個体群サイズ

　例として，Skalski and Robson（1992, p. 126）で議論されている，シカネズミ（*Peromyscus maniculatus*）の個体群に対する火入れの影響に関する実験結果の一部を考えよう．火入れを行っていないある調査地で3日間の捕獲と標識付けを行い，$n_1 = 49$ 匹のネズミに標識を付けた．さらに3日間の捕獲を行った

結果，$n_2 = 82$ 匹のネズミが見つかり，そのうち $m_2 = 26$ 匹に標識が付いていた．これらのデータに式 (7.2) を適用することで，ほぼ不偏の推定値が以下のように得られる．

$$\hat{N}^* = \frac{(49+1)(82+1)}{26+1} - 1 = 152.7$$

標準誤差は以下のように推定される．

$$\widehat{\mathrm{SE}}(\hat{N}^*) = \sqrt{\frac{50 \times 83 \times (49-26) \times (82-26)}{27^2 \times 28}} = 16.2$$

これより，個体群サイズは $152.7 \pm 1.96 \times 16.2$，つまり 121〜184 の範囲にあると考えられる．ここでは，推定値に標準誤差の 1.96 倍を加減算し，整数に丸めることで近似 95% 信頼区間を求めている．

7.3.2 推奨される標本サイズ

　実際に得られる標本サイズが計画とは大きく異なってしまう場合もありうるものの，適切な精度が得られないことで研究の労力が無駄になることを避けるためには，事前に標本サイズを計画することが重要である．Robson and Regier（1964）は，Peterson-Lincoln 指数の Chapman 修正による N の推定値が，95% の信頼度で真値の π% 以内に収まるような標本サイズの推奨値を示している．そこでは $\pi = 50$%，25%，10% の値が検討され，(n_1, n_2) の組について 95% の信頼度で必要な精度を決定できる標本サイズの表が提供されている．

　(n_1, n_2) の様々な組み合わせを検討することで，一般的なパターンが見えてくる．Petersen-Lincoln 推定量によって個体群サイズの正確な推定値を得るためには，かなり大きな標本が必要である．一般的な傾向として，2 つ目の標本では標識付きの動物を少なくとも 10 個体は捕獲する必要があり，大きな個体群ではこれよりはるかに多くの数が必要である．たとえば，個体群サイズが 100 で n_1 と n_2 が等しい場合に約 90〜110 の 95% 信頼区間を得るためには，$n_1 = n_2 = 65$ とする必要がある．この時，2 つ目の標本では約 42 個体の標識付きの動物が捕獲されることが期待される．2 つ目の例として，N が 10,000

の場合を考えよう．この時，$n_1 = n_2 = 800$ と設定すると，2つ目の標本には約 64 個体の標識付きの動物が捕獲され，95% 信頼区間は約 7500〜12500 となる．Krebs（1999）は Robson and Regier の方法について総括し，その実例を示している．

7.3.3 複数の標本：Otis et al. のモデル

標識再捕法の発展の初期段階では，閉鎖個体群の個体群サイズ N のより確実な推定に重点が置かれていた．たとえば Schnabel（1938）は，多数回の捕獲と再捕獲（すなわち標本抽出の機会が k 回あること）を許す Petersen-Lincoln 推定量の拡張を提案した．この手法では，個々の標本抽出において捕獲確率は全ての個体で等しくなければならない（つまり，捕獲可能性は均一であるという仮定が置かれる）が，標本抽出の各時点ごとに捕獲確率が変化しても構わない．Schnabel の手法はその後，改良が進められている（たとえば Schumacher and Eschmeyer, 1943 を参照）．現在，これらの方法は閉鎖個体群に対する古典的な標識再捕法モデルとして知られているが，均一な捕獲可能性の仮定はあまりに制約的であり（たとえば Chao and Huggins, 2005a を参照），個体群サイズの推定に深刻な偏りをもたらす可能性がしばしば示されてきた．この分野における大きな発展は，複数標本のデータに対する 8 つのモデルが設定され，その選択肢に関する理論が開発されたことである（Otis et al., 1978; White et al., 1982）．このモデル群には階層構造があり，捕獲確率の不均一性が考慮されることでモデルの複雑さと性能が向上していく．これらのモデルを利用するためのソフトウェアが開発されている．最初の計算機プログラムは CAPTURE（White et al., 1978; Rexstad and Burnham, 1992）である．その後，CAPTURE を Windows インターフェースで起動する POPAN が開発され（Arnason et al., 1998），さらに MARK（White and Burnham, 1999）や CARE-2（Chao and Yang, 2003）などが開発されている．

対象の個体群は閉鎖しており，捕獲は独立な事象だと仮定する．$i = 1, 2, \ldots, N$，$j = 1, 2, \ldots, k$ について，P_{ij} を j 回目の標本抽出における i 番目の個体の捕獲確率，p_i を i 番目の個体の不均一性効果，e_j を j 回目の標本抽出の時間効果を表すとする．未知パラメータ N を推定するために，3 つの変

動要因を導入する．(1) 捕獲確率の時間変動（t 効果），(2) 捕獲に対する行動反応（b 効果），(3) 個体間での捕獲確率の不均一性（h 効果）である．これらの効果を 1 つか 2 つ，あるいは 3 つ全てを組み合わせたモデルと，いずれの効果も含まないモデルを合わせて，以下の 8 つのモデルが得られる．

- M_0：均一な捕獲可能性．標本抽出の各回で全個体が同じ確率 p で捕獲される（$P_{ij} = p$）．

- M_t：時間変動．j 回目の標本抽出における全個体の捕獲確率は e_j である（$P_{ij} = e_j$．これは Schnabel のモデルである）．

- M_h：不均一性．i 番目の個体の捕獲確率は固有の値 p_i である．この確率は全ての標本抽出の機会で一定である（$P_{ij} = p_i$）．

- M_b：罠に対する反応．標識されていない個体の捕獲確率は全て同じ p であり，最初の捕獲の後は c に変化する（最初の捕獲までは $P_{ij} = p$，再捕獲の場合は $P_{ij} = c$）．

- M_{bh}：不均一性と罠に対する反応．i 番目の個体の捕獲確率は，捕獲される前は固有の値 p_i であり，最初の捕獲の後は c_i に変化する（最初の捕獲までは $P_{ij} = p_i$，再捕獲の場合は $P_{ij} = c_i$．一般化除去モデルとして知られている）．

- M_{th}：時間変動と不均一性．i 番目の個体の捕獲確率は固有の値であり，それは標本ごとに異なる（$P_{ij} = p_i e_j$）．

- M_{tb}：時間変動と罠に対する反応．j 回目の捕獲時点における捕獲確率は，捕獲されていない個体は e_j，捕獲された個体は c_j である（最初の捕獲までは $P_{ij} = e_j$，再捕獲の場合は $P_{ij} = c_j$）．

- M_{tbh}：時間変動，罠に対する反応，不均一性．i 番目の個体の捕獲確率は固有の値である．これは時間とともに変動し，最初の捕獲の後にも変化する（最初の捕獲までは $P_{ij} = p_{ij}$，再捕獲の場合は $P_{ij} = c_{ij}$）．

これらのモデルのパラメータは，最尤原理を用いて推定することが望ましい．すなわち，観測されたデータが得られる確率が最も高くなるような値をパラメータの推定値とすべきである．しかし，通常の標識再捕データからは，モデル M_{th}，M_{tb}，M_{tbh} を最尤推定する上で十分な情報が得られない．これ

は，CAPTURE で最尤推定を行う際に直面する大きな問題であった．ただ
し CAPTURE では，適合度検定に基づき，他の 5 つのモデルを選択できる．
Chao and Huggins（2005b, p. 72）は，利用可能な最近の推定法（最尤推定，
対数線形モデル，モーメント推定量，推定方程式，ジャックナイフ法など）に
ついて詳しい説明を与えた後，「様々な不均一性モデルのモデル選択を行う客
観的な方法はない」と注意している．

　過去 30 年間は，代替の推定手法の開発に大きな関心が集まった．たとえ
ば，推定量の偏りを減らすためにジャックナイフ法が標準的に利用されてい
る（Manly, 2006）．これは，モデル M_h の当てはめに特に有効である．ジャッ
クナイフ法はすでに CAPTURE プログラムに実装されている．ジャックナイ
フ法はモデル M_{bh} にも適した推定法である（Pollock and Otto, 1983）．モデ
ル M_h と M_{th} に対しては標本被覆（sample coverage）による方法（Lee and
Chao, 1994）が実用的に優れている．この方法では，不均一性の効果を捕獲確
率の変動係数（CV）で要約できるからである（CV が大きいほど個体間の不
均一性の度合いが大きい; Chao and Huggins, 2005b）．プログラム CARE-2
（Chao and Yang, 2003）では，この標本被覆の方法が閉鎖個体群モデルに適
用されている．CARE-2 では，最も複雑なモデルである M_{tbh} に対して一般推
定方程式（general estimation equation; Mukhopadhyay, 2004）が用いられ
る．再捕獲確率には乗算式 $c_{ij} = \phi p_i e_j$（ϕ は行動反応の効果）が仮定され，不
均一性効果 p_i はその平均と CV によって特徴付けられる（Chao and Huggins,
2005b）．推定方程式は Otis et al.（1978）の全てのモデルに適用可能である．
CARE-2 では，個体群サイズとその標準誤差の推定法として，ここで説明した
一連の方法とブートストラップ法が実装されている．

　複数標本の標識再捕データのモデル選択を検討する前に，まずモデル化する
個体群が本当に閉鎖しているかを検証する必要がある．Otis et al.（1978）に
よる統一的な研究以降，（Burnham and Overton によって提案された）検定の
手続きが CAPTURE に実装されている．これは，（2 回以上捕獲された）個体
の一部は，調査の開始時点か終了時点，またはその両方の時点において個体群
に存在しなかったという対立仮説に対して，個体の捕獲確率は時間的に不変で
あるという帰無仮説を検定するものである．この検定は，調査開始時点に存在

していた個体が一時的に個体群を離れ，調査が終わる前に戻って来る短期移出
（temporary emigration）の状況には適さない．より良い検定方法がStanley
and Burnham（1999）によって提案されている．この方法は，χ^2 統計量と，
調査中に個体群の増減があったかどうかに関する検定を組み合わせた，閉鎖性
に関する総合的な検定である．特に，個体群の増減に関する検定では，閉鎖個
体群モデル M_t を帰無仮説として，第8章で説明される開放個体群 Jolly-Seber
モデルによって個体の増減が決まるという対立仮説と比較される．これらの検
定の全て，および前述の Burnham and Overton の検定の計算は，CloseTest
プログラム（Stanley and Richards, 2005）で実行できる．

例7.2　カンジキウサギ

　ここでは，Burnham and Cushwa によって収集され，Cormack（1989）と
Agresti（1994）で解析されたカンジキウサギについてのデータを扱う．Bail-
largeon and Rivest（2007）では，このデータを用いて，対数線形モデルに基づ
く標識再捕解析の応用とそのR パッケージ Rcapture での実装について説明して
いる．（赤池情報量規準（AIC）によるモデル比較が可能な）このアプローチで
は，行動反応の証拠はほとんどなく，最も良く当てはまったモデルはモデル M_{th}
の一種に相当する不均一性モデル（$M_{th\text{Poisson2}}$ と呼ばれる）であり，個体群サ
イズの推定値は81.1，標準誤差は5.7，95% 信頼区間は71.8～93.8であることが
示されている．この例では，CAPTURE，CloseTest，CARE-2 の各プログラ
ムを用いて，このカンジキウサギのデータを再解析する．

　最初に CAPTURE と CloseTest を実行して，標本抽出されたカンジキウサ
ギ個体群の閉鎖仮定を検定した．これにより，閉鎖仮定が成り立つことが示さ
れた（表7.1 の全体的な閉鎖性の情報を参照）．CloseTest による追加の（より
詳細な）検定も，調査中に個体数の増加や減少がなかったことを示唆している
（表7.1 の閉鎖性に関する Stanley and Burnham の要素検定の情報を参照）．
CAPTURE プログラムを実行して Otis et al.（1978）で記述された手続きでモ
デル選択を行った結果，適切なモデルはおそらく M_h であり，僅差でモデル M_0
と M_{th} が支持されることが示された．CAPTURE の補間ジャックナイフ推定
量（Burnham and Overton, 1978）を用いて，カンジキウサギの個体群サイズ
は87，標準誤差は6.76，95% 信頼区間は78～105と推定された．

　CARE-2 に実装された方法を用いれば，M_h と M_{th} における個体群サイズの

表7.1 CloseTest プログラム（Stanley and Richards, 2005）によるカンジキウサギデータの閉鎖性の検定.

	検定	統計量	df	p
全体的な閉鎖性				
	Burnham and Overton[1]	$z = -0.311$	—	0.3779[2]
	Stanley and Burnham (1999)	$\chi^2 = 3.174$	8	0.9229[2]

Stanley and Burnham の要素検定

	検定	χ^2	df	p
個体群への個体の加入	加入なし vs Jolly-Seber[3]	1.421	4	0.8406[4]
	時間効果 vs 死亡なし	1.976	4	0.7402[4]
個体群からの個体の喪失	時間効果 vs 加入なし	1.754	4	0.7810[5]
	死亡なし vs Jolly-Seber[3]	1.199	4	0.8783[5]

[1] Otis et al.（1978）で説明されており，CAPTURE プログラムで扱える.
[2] p 値が低い場合，個体群が閉鎖していないことが示唆される.
[3] 開放個体群のモデル（第8章を参照）.
[4] p 値が低い場合，個体群に個体が加わったことが示唆される.
[5] p 値が低い場合，個体群から個体が失われたことが示唆される.

表7.2 CARE-2（Chao and Yang, 2003）を用いていくつかの推定法で求められた，2つの不均一性モデル（M_h と M_{th}）の下でのカンジキウサギの推定個体数（Cormack, 1989）.

モデル	推定値	ブートストラップ SE	漸近 SE	CV	95% CI（対数変換）	95% CI（百分位数）
M_h (SC1)	89.1	9.18	8.77	0.48	(77.31, 115.71)	(78.43, 107.56)
M_h (SC2)	80.6	7.53	7.33	0.38	(72.28, 105.23)	(71.82, 96.97)
M_h (JK1)	88.8	6.01	6.18	—	(79.97, 104.27)	(82.17, 96.33)
M_h (JK2)	93.8	9.14	9.40	—	(81.12, 118.59)	(80.17, 109.83)
M_h (IntJK)	88.8	8.47	6.18	—	(77.68, 112.86)	(81.33, 107.48)
M_h (EE)	85.3	7.34	—	0.48	(75.82, 106.43)	(75.64, 98.36)
M_{th} (SC1)	89.4	8.88	8.85	0.49	(77.82, 114.75)	(79.24, 106.39)
M_{th} (SC2)	80.9	7.91	7.41	0.39	(72.28, 107.04)	(71.73, 98.89)
M_{th} (EE)	84.7	7.11	—	0.49	(75.53, 105.20)	(74.36, 97.09)

注 SE：標準誤差，CV：変動係数，CI：信頼区間，SC1 および SC2：標本被覆法1および2 (Lee and Chao, 1994)，JK1 および JK2：ジャックナイフ法1および2 (Burnham and Overton, 1978)，IntJK：補間ジャックナイフ (Burnham and Overton, 1978)，EE：推定方程式 (Chao et al., 2001).

様々な推定量を扱うことができ，捕獲確率の不均一性についてより多くの情報を得られるようになる．対応する推定値を表 7.2 にまとめた．捕獲確率の変動係数の推定値は全ての方法で 0.38～0.49 の範囲にあり，不均一性があることを示している．CARE-2 プログラムでは，漸近法とブートストラップ法の 2 つの方法で標準誤差が推定される．表 7.2 にある（不均一性が仮定された）モデルの漸近標準誤差は，デルタ法（Casella and Berger, 2001）を用いて計算されている．モデル M_h と M_{th} は複雑なため，推定方程式による方法（表の EE）では漸近標準誤差を計算できない．また，ブートストラップ標準誤差を用いて構築された 2 種類の 95% 信頼区間が出力されている．一方は Chao (1987) で説明されている対数変換された N の推定値に基づくもので，もう一方は百分位数法（Efron and Tibshirani, 1993; Manly, 2006）に基づくものである．

　標本被覆 2 推定量（sample coverage 2 estimator, SC2）によるモデル M_h と M_{th} の信頼区間を比較すると，M_{th} の信頼区間は M_h の信頼区間よりも広いことがわかる．M_{th} はより多くのパラメータを含むためである．閉鎖個体群の標識再捕モデルでは一般に，単純なモデルほど信頼区間が狭くなる．「一般的なモデルは被覆確率の良い，広い区間を生成する」（Chao and Yang, 2003, p. 10）ためである．推定方程式に基づく方法（Chao et al., 2001）では，カンジキウサギの個体群サイズは 84.7 あるいは約 85 個体と推定され，百分位数に基づくブートストラップ標準誤差は 7.11，95% 信頼区間は 74～97 と推定される．

7.3.4　Huggins モデル

　閉鎖個体群の標識再捕解析を大きく改善する方法として，共変量を回帰の形でパラメータ化して捕獲確率を推定する一般化線形モデリング（generalized linear modeling）がある．捕獲確率が取りうる値は 0 から 1 の範囲内であるため，この制約をモデルに組み込む必要がある．そのためには，P_{ij} をロジスティック関数に置き換えることが有効である．たとえば，時変モデル M_t では捕獲と再捕獲の確率が $P_{ij} = e_j$ で与えられるが，これは次のようにモデル化できる．

$$P_{ij} = e_j = \frac{\exp(a + c_j)}{1 + \exp(a + c_j)}$$

　この式は $\log\{e_j/(1-e_j)\} = a + c_j$ と等価であり，ロジット変換と呼ばれるものの一例である．一般化線形モデリングでは，この変換はロジットリンク関数と呼ばれている．ロジットは捕獲・再捕獲確率のモデル化に最もよく使われるリンク関数であり，たとえば R パッケージ mra（McDonald, 2012）などではデフォルトとなっているが，他のリンクを用いることも可能である．捕獲・再捕獲確率に一般化線形モデルを用いると，ロジスティック回帰と同じ方法で共変量の影響をモデルに組み込めるという利点がある．たとえば，標本 j において個体の再捕獲に費やされた努力量の指標を R_j として，個体の不均一性はないと仮定すると，捕獲確率を次のようにモデル化するのが適切だと考えられる．

$$e_j = \frac{\exp(r_0 + r_1 R_j)}{1 + \exp(r_0 + r_1 R_j)}$$

　このようにロジスティック関数を用いることで，モデル化の過程はかなり柔軟になる．複数の共変量を使用したり，捕獲確率を時間，動物の齢，動物のグループなどによって変化させたりすることが可能である．いずれの場合も，尤度はロジスティックモデルのパラメータ（先に示した 2 つのモデルの c_j や r_0，r_1 など）について最大化される．Huggins（1989, 1991）や Alho（1990）が閉鎖個体群で示した通り，これらのパラメータを推定すれば，ロジスティック関数を用いてあらゆる動物の捕獲確率を推定できる．

　Huggins の方法では，捕獲機会の間での捕獲可能性の不均一性は測定された共変量によって説明可能であり，未捕獲個体の共変量の値は未知だと仮定して捕獲確率 P_{ij} がモデル化される（Huggins, 1991）．この仮定に基づき，捕獲個体のデータに基づく条件付き尤度を最大化してパラメータが推定される．そのため，CARE-2 のマニュアル（Chao and Yang, 2003）で述べられているように，個体の共変量（齢，性，体重など）や捕獲機会の共変量（各捕獲機会の降水量や努力量など）を含むモデルでは，N の推定がより複雑になる．このプログラムで用いられる P_{ij} の一般的なロジスティックモデルは以下の通りである．

$$\mathrm{logit}\,(P_{ij}) = \log \frac{P_{ij}}{1 - P_{ij}} = a + c_j + vY_{ij} + \boldsymbol{\beta}' \boldsymbol{W}_i + \boldsymbol{r}' \boldsymbol{R}_j \tag{7.5}$$

ここで，a は切片，$c_1, \ldots, c_{k-1}$ は捕獲機会または時間の効果（$c_k = 0$ である），$\boldsymbol{W}_i$ は個体 i について測定された s 個の共変量のベクトル，$\boldsymbol{\beta}$ はこれらの

共変量の効果のベクトル，$\boldsymbol{R}_j$ は j 回目の捕獲機会に関する g 個の共変量のベクトル，$\boldsymbol{r}$ はこれらの共変量の効果のベクトルを表す[1]．Y_{ij} は i 番目の個体が j 回目の機会の前に少なくとも一度は捕獲されている（$Y_{ij} = 1$）か，その機会の前には捕獲されていない（$Y_{ij} = 0$）かを示すダミー変数であり，v は行動反応の効果である．

Huggins の方法は，先述の Otis et al. の8つのモデルに利用できる．Huggins の方法において，モデル M_0 は次のように与えられる．

$$\mathrm{logit}\,(P_{ij}) = a$$

時間変化 M_t は次のように与えられる．

$$\mathrm{logit}\,(P_{ij}) = a + c_j$$

ここで $c_k = 0$ である．残りの6つのモデルに対応するロジットモデルについては，Huggins（1991）と Chao and Huggins（2005b）を参照されたい．式（7.5）のモデルには個体の不均一性や時間効果を説明する個体共変量や機会共変量を含めることができるため，Huggins の方法では，Otis et al.（1978）のモデルよりはるかに広い範囲の閉鎖個体群モデルを表現可能である．実際，閉鎖個体群の標識再捕研究では，1つ以上の個体共変量や機会共変量によって Otis et al. のモデルの効果が説明されたモデル族を $M_0^*, M_t^*, \ldots, M_{tbh}^*$ と表すのが通例となっている．

一般化線形モデルでは情報量規準を用いたモデル選択が可能である．最後に，合計 n 個体が捕獲されたとき，次の Horvitz-Thompson 推定量によって個体群サイズを推定できる．

$$\hat{N}_{HT} = \sum_{i=1}^{n} \left\{ \frac{1}{1 - \prod_{j=1}^{k} \left(1 - \hat{P}_{ij}\right)} \right\} \tag{7.6}$$

これに対応する $\hat{N}_{HT}$ の標準誤差は，Huggins（1989, 1991）で与えられた漸近式で近似される．

---

[1]【訳注】これらのベクトルは列ベクトルであり，プライム（$'$）はベクトルの転置を表す．$\boldsymbol{a} = (a_1, a_2, \ldots, a_n)'$，$\boldsymbol{b} = (b_1, b_2, \ldots, b_n)'$ である時，$\boldsymbol{a}'\boldsymbol{b} = a_1 b_1 + a_2 b_2 + \cdots + a_n b_n$ である．

例 7.3 ある仮想の研究

R パッケージ mra（McDonald, 2012）のドキュメントに記載されているサンプルコードに基づき，仮想的なデータセットを構築した．生成された個体の遭遇履歴（5 回の標本抽出で 29 個体が捕獲・再捕獲された）を表 7.3 に，プログラム CARE-2（Chao and Yang, 2003）の出力の一部を表 7.4 に示す．各個体の性をダミー変数として記録し，個体共変量として解析に含めた．

これらのデータに Huggins の方法を適用すると，表 7.4 に示すようにロジスティックモデルごとに異なる N の推定値が得られた．最も単純なモデル M_0^* で最も AIC が小さくなったことから，捕獲履歴には時間，行動，個体による不均一性の影響が含まれないことが示唆される．モデル M_0^* における個体群サイズは式（7.6）より 30 と推定され，その 95% 信頼区間は 29.18〜34.72 であった．

表 7.3 仮想的な $k = 5$ 回の標本抽出で得られた 29 個体の遭遇履歴の要約統計量

j	u_j	m_j	n_j	M_j	f_j
1	14	0	14	0	3
2	7	5	12	14	12
3	4	11	15	21	9
4	2	14	16	25	5
5	2	15	17	27	0
				$M_6 = 29$	

注 u_j：時点 j で初めて捕獲された個体の数，$j = 1, \ldots, 5$，m_j：時点 j での再捕獲数，n_j：時点 j で捕獲された個体の数（$= u_j + m_j$），M_j：時点 j までに標識された個体の数（$= u_1 + u_2 + \cdots + u_{j-1}$），$M_6$：調査で記録された別個の個体の総数，$f_j$：調査全体を通してちょうど j 回捕獲された個体の数．

表 7.4 Huggins の方法で当てはめた各種ロジスティックモデルの下で得られた，表 7.3 に要約された仮想個体群の大きさの推定値

モデル	推定値	SE	AIC	95% CI
M_0^*	30.00	1.10	201.15	(29.18, 34.72)
M_t^*	29.96	1.09	207.16	(29.16, 34.73)
M_b^*	30.82	2.08	202.46	(29.30, 39.89)
M_h^*	30.00	1.08	203.14	(29.18, 34.63)
M_{tb}^*	30.14	1.96	209.14	(29.12, 40.37)
M_{th}^*	29.96	1.09	209.15	(29.16, 34.73)
M_{bh}^*	30.82	2.08	204.45	(29.30, 39.19)
M_{tbh}^*	30.15	1.89	211.13	(29.12, 39.85)

注 M_0^*，M_t^*，M_b^*，M_{tb}^* を除き，当てはめたモデルにはカテゴリ共変量として性が含まれる．SE：標準誤差，AIC：赤池情報量規準，CI：信頼区間．

7.4　閉鎖個体群モデルの最近の発展

　閉鎖個体群モデルの新しい方法論については Chao and Huggins（2005a, 2005b）で議論されており，本章で2つの例を用いて説明した方法の詳細も解説されている．また，ブートストラップを用いた推定，信頼区間の改善，標本被覆法，推定方程式法，一般化線形モデルなども取り上げられている．Chao and Huggins（2005b）の表4.1には，ベイズ法，不均一性のパラメトリックモデリング，潜在クラスモデル，混合モデル，ノンパラメトリック最尤法の利用など，より最近の手法を網羅した一覧が掲載されている．捕獲確率の変動を説明するために共変量を導入することは，条件付き尤度の理論と一般化線形モデルに基づく重要な研究手法である（Huggins and Hwang, 2011）．

　Amstrup et al.（2005）の Appendix A には，閉鎖個体群モデルを用いた標識再捕法の解析用ソフトウェアプログラムの一覧（具体的には，CARE-2, CAPTURE, MARK, POPAN-5, NOREMARK（White, 1996））が掲載されている．Otis et al.（1978）の古典的な閉鎖個体群モデルと新しい推定量の一部（たとえば，モデル M_h や M_{bh} のジャックナイフ法）は，PC-DOS で動作する CAPTURE プログラムの原型を用いて利用されていた．その後，PC-DOS と Windows の初期バージョン用に 2CAPTURE と呼ばれる CAPTURE の対話型インターフェースが開発され（Rexstad and Burnham, 1992），現在でも Windows の古いバージョンのエミュレータを用いて実行できる．続いて，ニュージーランドの Landcare Research 社によって CAPTURE の異なる対話型バージョンである MRI が開発され，モジュールの1つとして POPAN-5 に組み込まれた．MRI では，Jolly-Seber モデル（第8章で説明）に基づく開放個体群の解析プログラムである JOLLY と双方向にやり取りすることもできる．MRI の最後のバージョンは Windows NT の実行ファイルであったため，Windows エミュレータを用いてのみ実行可能である．パタクセント野生生物センター（アメリカ地質調査所）のウェブサイト（http://www.mbr-pwrc.usgs.gov/software/capture.html）では，CAPTURE の文を実行できる機能が提供されている．また，プログラム MARK には，Otis et al.（1978）の標準的なモデル，Hugginsモデル，不均一性に関する他のアプローチを含む，CAPTURE で扱える全てのモデルにアクセスできるメニューも含まれている．しかし，MARK は初心者には扱いにくいため，MARK の利用に興味がある場合はこのプログラムのみを扱うワークショップに参加することを勧めたい．

　最後に，プログラム DENSITY は空間明示型の標識再捕データの解析に適している（Efford, 2012）．このプログラムには，罠の配列によって検出または捕獲された動物の個体群サイズと密度を推定するための様々な閉鎖個体群モデルが組み込まれている．Efford et al.（2004）と Efford and Fewster（2013）も参照されたい．

8 開放個体群の捕獲再捕獲法モデル

Bryan Manly, Jorge Navarro, and Trent McDonald

8.1 はじめに

　標識再捕法の多くは，出生や移入によって新しい個体が加わり，死亡や移出によって個体が失われるという，開放的な動物個体群を対象にして開発されてきた．研究では通常，個体群からの標本抽出が複数回行われる．そのため再捕獲した際に個体を識別できるよう，最初の捕獲時に適切な標識を付けることで，個々の個体の捕獲と再捕獲の履歴を記録できる．開放個体群の研究は長期間に及ぶことが多く，生態学者や管理者にとって大きな関心があるのは個体群の変化である．開放個体群の初期のデータ解析法は，Jackson（1939; 1940; 1943; 1947），Fisher and Ford（1947），Leslie and Chitty（1951），Leslie et al.（1953）によって提案されている．

8.2 Jolly-Seber モデル

　開放個体群の標識再捕法に関する研究において重要な貢献を果たしているのが Jolly-Seber（JS）モデル（Jolly, 1965; Seber, 1965）であり，これは Pollock（1991）による異なる開放個体群モデルの関係を示す図（図 8.1）の中心に位置づけられる．このモデルは，以下の仮定の下で明示的なパラメータの推定値と

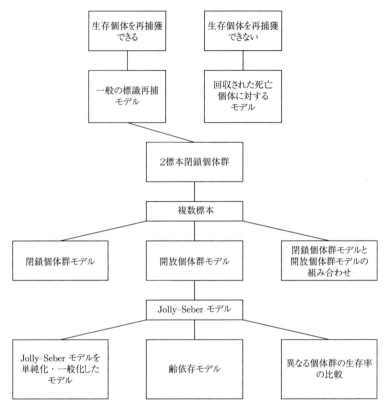

図 8.1　標識再捕データに対するモデル間の関係（Pollock, K.H. *Journal of the American Statistical Association* 86: 225–238, 1991 の図に基づく）.

その分散を与える. (1) 時点 t_j に取得された j 番目の標本において, 個体群に存在する全ての個体の捕獲確率は等しく p_j である. (2) j 番目の標本の直後に個体群に存在する標識付き個体はいずれも, $(j+1)$ 番目の標本が取得されるまでの生存確率が等しく ϕ_j である. (3) 標識が失われたり, 認識されなかったりすることはない. (4) 全ての標本は実質的に即時に取得され, 個体の解放は標本抽出の後すぐに行われる.

JS 推定量は最尤原理を用いて導出される. しかし, 次のようにして直感的に正当化することも可能である. まず, j 番目の標本の直前に個体群にいた標

識付き個体の数 M_j の推定を考えよう．これは，j 番目の標本で見られた標識
付き個体の数 m_j と，個体群には存在したが捕獲されなかった標識付き個体の
数の和である．後者を推定するために，j 番目の標本の前後では見られたが j
番目の標本では見られなかった個体の数を z_j とすれば，j 番目の標本の時点
で個体群に存在した個体が後の標本で再捕獲される確率は $z_j/(M_j - m_j)$ と
推定される．一方でこの確率は，R_j を j 番目の標本で解放された個体の数，
そのうち後に再捕獲される個体の数を r_j として，r_j/R_j とも推定できること
に着目する．したがって，$z_j/(M_j - m_j) \approx r_j/R_j$ となることが期待され，
$M_j \approx m_j + R_j z_j / r_j$ より M_j の推定量として次の式が示唆される．

$$\hat{M}_j = m_j + \frac{R_j z_j}{r_j} \tag{8.1}$$

これは $j = 2, 3, \ldots, k-1$ について評価できる．なぜなら，これらの j の値に
ついてはデータから右辺の値が得られるからである．

　M_j が推定されれば，時点 j での個体群サイズ N_j を推定できる．なぜなら，
j 番目の標本に含まれる標識付き個体の割合は，個体群における割合とほぼ等
しいはず（つまり $m_j/n_j \approx M_j/N_j$）[1] だからである．これより，N_j の推定量
は以下となる．

$$\hat{N}_j = \frac{n_j \hat{M}_j}{m_j} \tag{8.2}$$

これは $j = 2, 3, \ldots, k-1$ について評価できる．

　j から $j+1$ までの期間の生存率 ϕ_j を推定するには，j 番目の標本を解
放した直後の個体群には $M_j + R_j - m_j$ の標識付き個体がおり，そのうち
M_{j+1} 個体が時点 $j+1$ でも生存していることに留意すればよい．したがって
$\phi_j \approx M_{j+1}/(M_j + R_j - m_j)$ であり，これより次のような生存率の推定量が
示唆される．

$$\hat{\phi}_j = \frac{\hat{M}_{j+1}}{\hat{M}_j + R_j - m_j} \tag{8.3}$$

これは $j = 1, 2, \ldots, k-2$ について評価できる．最初の標本を取得する直前は
個体群に標識付き個体がいないため，$\hat{M}_1 = 0$ である．

---

1)【訳注】n_j は j 番目の標本で捕獲された個体の数である．

最後に，標本 j と $j+1$ の間に新たに個体群に加わった個体のうち時点 $j+1$ に生存している個体の数 B_j が，時点 $j+1$ の個体群サイズと時点 j から期待される生存個体数の差に等しいと仮定して推定される.

$$\hat{B}_j = \hat{N}_{j+1} - \hat{\phi}_j(\hat{N}_j + R_j - m_j) \tag{8.4}$$

これは $j = 2, 3, \ldots, k-2$ について評価できる.

式 (8.1) から (8.4) の重要な特徴の1つは，j 番目の標本で解放された個体の数 R_j は標本サイズ n_j と等しくなくてもよいことである．これは，弱った個体を解放する必要がなく，また，必要に応じて追加の個体を個体群に加えられることを意味している．もちろん，解放した個体数と捕獲した個体数が一致しない場合には，個体群サイズは本来のものとは異なってくる.

JS 推定量は小標本では偏りがあり，ゼロで割ることによって推定値が無限大になる場合がある．この問題は，$\hat{M}_j$ と $\hat{N}_j$ をそれぞれ，次のようなほぼ不偏の推定量に置き換えることで解決できる（Seber, 1982, p. 304）.

$$\hat{M}_j^* = m_j + \frac{(R_j + 1)z_j}{r_j + 1} \tag{8.5}$$

$$\hat{N}_j^* = \frac{(n_j + 1)\hat{M}_j^*}{m_j + 1} \tag{8.6}$$

他の推定式は，M_j と N_j に新しい推定量を使う点を除けば，同じままである.

分散の式は Jolly（1965）と Seber（1965）によって与えられた．これらを用いる際には，標本抽出誤差（sampling error; パラメータの推定値と実際の母集団パラメータとの差）と確率誤差（stochastic error; パラメータの実現値と母集団の仮想的な反復生成から得られるその平均値との差）を区別する必要がある．個体群サイズについては一般に，標本抽出誤差のみが関係するとみなす考え方が受け入れられており，そのため N_j が所与の下での $\hat{N}_j$ の分散の推定量が求められる．これは以下のように近似される.

$$\widehat{\mathrm{Var}}(N_j^* \mid \hat{N}_j) \approx \hat{N}_j(\hat{N}_j - n_j)\left\{ \frac{(\hat{M}_j - m_j + R_j)(1/r_j - 1/R_j)}{\hat{M}_j} + \frac{\hat{N}_j - \hat{M}_j}{\hat{N}_j m_j} \right\} \tag{8.7}$$

一方，生存確率は一般に，母集団の生存割合を推定しているとみなされる．その
ため，ϕ_j の分散には確率誤差が含まれる．これは以下のように近似される．

$$\widehat{\mathrm{Var}}(\hat{\phi}_j) \approx \hat{\phi}_j^2 \Bigg\{ \frac{(\hat{M}_{j+1} - m_{j+1})(\hat{M}_{j+1} - m_{j+1} + R_{j+1})}{\hat{M}_{j+1}^2} \left(\frac{1}{r_{j+1}} - \frac{1}{R_{j+1}} \right)$$
$$+ \frac{\hat{M}_j - m_j}{\hat{M}_j - m_j + R_j} \left(\frac{1}{r_j} - \frac{1}{R_j} \right) \Bigg\} + \frac{\hat{\phi}_j^2(1 - \hat{\phi}_j)}{\hat{M}_{j+1}} \tag{8.8}$$

$\hat{M}_j$ と $\hat{B}_j$ の分散の式は，Jolly (1965) と Seber (1965) の原著や，Seber (1982,
1986, 1992)，Pollock et al (1990)，Schwarz and Seber (1999) などの総説
に掲載されている．共分散の式についてもこれらの文献を参照するとよい．

　JS モデルが開発される前に出版された，Cormack (1964) による重要な論
文がある．この論文では，Jolly と Seber のより一般的なモデルで用いられ
る尤度の一部分が導出されている．これらのモデルの開発に対する Cormack
の貢献を認めるために，尤度関数のうち標識付き個体に関する要素に対して
Cormack-Jolly-Seber (CJS) モデルという用語がよく用いられている．こ
れは，生存確率と捕獲確率の推定を可能にする要素である．Jolly (1965) と
Seber (1965) は異なる尤度を用いて同じ推定量を導出している．

　JS モデルの尤度は条件付き独立な 3 つの成分から成ると見ることができ，全
体の尤度はこれらの積で $L_1 \times L_2 \times L_3$ と表される．L_1 は各時点での標識が付
いていない個体群と標本サイズを捕獲確率に関連付ける積二項尤度，L_2 は捕
獲時点で個体が失われる確率に関するパラメータのみを含む成分，L_3 は異な
る時点で解放された標識付き個体の数と，捕獲確率と生存確率のパラメータに
条件付けられた，全ての再捕獲情報を含む成分である．

　L_3 は Cormack (1964) によって初めて導出された尤度である．完全な JS
モデルの推定では，捕獲確率と生存確率が L_3 のみによって推定されると見る
こともできる．これがいわゆる CJS モデルである．捕獲確率が推定されれば，
$n_j \approx N_j p_j$ より，標本 j の時点での個体群サイズを次のように推定できる．

$$\hat{N}_j = \frac{n_j}{\hat{p}_j} \tag{8.9}$$

これは JS 推定量と同じであることがわかる．

　多くのパラメータが含まれるため，JSモデルによって正確な推定値が得られるのはデータが豊富な場合に限られる．そのため，単位時間当たりの生存率が一定であるなど，よりパラメータ数の少ない代替モデルに関心が持たれる場合がある．また，罠に対する反応や複数コホートのデータ解析，齢依存生存率などを考慮した，JSモデルの一般化もある．

　JSモデルが導入される前後に様々な特殊型や一般型が開発され，コンピュータプログラムJOLLYに実装された．たとえば死亡のみのモデルは，移入と出生がない場合に有効である．出生のみのモデルは，死亡と移出がない場合に有効である．JOLLYプログラムでは，生存確率や捕獲確率が一定のモデルも利用できる．生存確率や捕獲確率の時間効果を考慮したJSモデルの一般化もいくつか開発されており，JOLLYやMARKなどのプログラムで利用できる．JSモデルは直感的に理解でき，一部の状況に適用可能なものであるが，実際の複数回調査では，本章で後述するより高度なモデルの利用が求められる場合も多い．

> ### 例8.1　ガの個体群の推定
>
> 　標識再捕法の使い方を説明するために，マダラガの一種 *Zygaena filipendulae* の孤立した個体群を標本抽出したManly and Parr（1968）のデータについて考えよう（表8.1）．これは開放個体群であるため，解析では個体の出入りを考慮する必要がある．そのため，JS推定式がデータに適用された．この研究では，1968年7月19日，20日，21日，22日，24日に取得された5つの標本があるため，20日，21日，22日の個体群サイズ，19〜20日，20〜21日，21〜22日の各期間の生存率，20〜21日，21〜22日の各期間に個体群へ新しく加わった個体の数を推定できる．
>
> 　これらのデータから式（8.3）から（8.6）に必要な値 m_j，R_j，z_j，r_j が得られ，表8.2と8.3に示すように母集団パラメータの推定値とその推定標準誤差が求められる．この表に示されている95%信頼区間は，多くの場合に報告される単純な（推定値）±1.96×（標準誤差）を示したものではない．Manly（1984）で記述されている，改良された限界値を得るための変換を用いて求められたものである．計算は，本章の補足資料で説明されているコンピュータプログラムJSを用いて行われた．このプログラムは本書のサポートサイトから入手できる．ま

た，同サイトでは，mra パッケージを用いて JS 最尤推定値を計算する R コード
も入手できる．

表 8.1　1968 年 7 月にウェールズ・ペンブルックシャー州デールでマダラガの
一種の個体群を標本抽出して得られた Manly and Parr のデータ．

捕獲パターン	ガの個体数	7月				
		19 日	20 日	21 日	22 日	24 日
1	1	1	1	1	1	1
2	1	1	1	1	1	0
3	9	1	1	1	0	0
4	4	1	1	0	0	1
5	10	1	1	0	0	0
6	5	1	0	1	1	1
7	2	1	0	1	0	1
8	1	1	0	1	0	0
9	2	1	0	0	1	1
10	1	1	0	0	0	1
11	1	0	1	1	1	0
12	4	0	1	1	0	1
13	4	0	1	1	0	0
14	1	0	1	0	1	1
15	2	0	1	0	1	0
16	2	0	1	0	0	1
17	1	0	0	1	1	1
18	3	0	0	1	1	0
19	7	0	0	1	0	1
20	5	0	0	0	1	1
21	21	1	0	0	0	0
22	12	0	1	0	0	0
23	13	0	0	1	0	0
24	9	0	0	0	1	0
25	19	0	0	0	0	1

注　表の右端 5 列で示された 25 種類の異なる捕獲パターンが見られた．ここで 0 は捕獲さ
れなかったこと，1 は捕獲されたことを表しており，2 列目ではこれらのパターンを示
したガの個体数が記されている．つまり，5 つの標本全てで見られたガは 1 個体，最初
の 4 つの標本のみで見られたガは 1 個体，最初の 3 つの標本のみで見られたガは 9 個体，
といった具合である．

表 8.2　表 8.1 のマダラガのデータから計算された，Jolly-Seber 方程式に用いる標本統計量.

日付	標本統計量			
	n_i	z_i	r_i	m_i
19	57	0	36	0
20	51	11	29	25
21	52	12	25	28
22	31	20	15	17
24	54	0	0	35

表 8.3　表 8.2 の標本統計量に基づく母集団パラメータの推定値.

日付	N	標準誤差	信頼区間	ϕ	標準誤差	信頼区間	B	標準誤差
19	—	—	—	0.77	0.10	$0.60 \sim 0.98$	—	
20	88.1	12.0	$72 \sim 126$	0.75	0.11	$0.56 \sim 1.01$	29.9	11.2
21	95.9	14.0	$77 \sim 141$	0.74	0.15	$0.50 \sim 1.12$	29.9	16.1
22	101.3	22.2	$72 \sim 176$	—	—	—	—	—

注　信頼限界は近似 95% 限界値である.

8.3　Manly-Parr の方法

　例 8.1 のデータはもともと，JS 法に代わる推定法（Manly-Parr の方法）の説明に使われたものである（Manly and Parr, 1968）．この方法では生存確率が全ての個体で等しいという仮定を必要としないが，捕獲確率は全ての個体で等しくなくてはならない．

　この方法の基本は，j 番目の標本を取得した時点で生存が確実な（その前後に見つかっている）個体のグループに着目することである．このような個体が C_j だけ存在し，そのうち c_j が標本 j で捕獲されたとしよう．時点 j に捕獲された個体の総数を n_j とする．この時，時点 j の捕獲確率 p_j は次のように推定できる．

$$\hat{p}_j = \frac{c_j}{C_j} \tag{8.10}$$

これより，時点 j の個体群サイズ N_j，時点 j から $j+1$ までの間に生存した個体の割合 ϕ_j，時点 j から $j+1$ までの間に新たに個体群に加わった個体のうち，時点 $j+1$ まで生存した個体の数 B_j を推定できる.

個体群サイズは，$n_j \approx N_j p_j$ が期待されることから推定できる. すなわち，式 (8.10) で与えられる $\hat{p}_j$ を用いて，式 (8.9) で与えられる推定量 ($\hat{N}_j = n_j/\hat{p}_j$) を適用できる. 分散は次のように推定される（Manly, 1969）.

$$\widehat{\mathrm{Var}}(\hat{N}_j) = \frac{\hat{N}_j(C_j - c_j)(n_j - c_j)}{c_j^2} \tag{8.11}$$

生存率は，標本 j と $j+1$ の両方で見られた個体の数 $m_{j,j+1}$ に基づいて推定される. $m_{j,j+1} \approx n_j \phi_j p_{j+1}$ が期待されることから，次の推定量が示唆される.

$$\hat{\phi}_j = \frac{m_{j,j+1}}{n_j \hat{p}_{j+1}} \tag{8.12}$$

この式に対する分散の式はまだ知られていない.

N_j と ϕ_j が推定できれば，B_j の推定量は自明である.

$$\hat{B}_j = \hat{N}_{j+1} - \hat{\phi}_j \hat{N}_j \tag{8.13}$$

Manly-Parr の方法の背景にある考え方は，個体の齢が既知の場合にも拡張されている（Manly et al., 2003）. 一定の仮定が妥当であれば，ロジスティック回帰を用いて，捕獲確率に対する共変量の影響を考慮したデータ解析を比較的容易に行うことができる. この方法では生存率をモデル化しなくても構わない.

8.4　死亡個体の回収

標識や目印の付け方を適切に行うことで，標識された動物がいつどこで死んだかの情報を得られる場合がある. この情報は，生存率の推定や動物の移動の調査に利用できる. この類の研究は主に足環付きの鳥類の研究で行われており，足環（鳥に付いている場合とそうでない場合がありうる）を見つけた

人がそこに記載された住所に足環を返却しやすいような仕組みが設計されている.

　死亡個体の回収によって得られるデータの解析に大きな貢献を果たしているのが，生存確率と再捕獲確率について異なる仮定を置く一連のモデルを説明したBrownie et al.（1985）の手引書である．これに記されているモデルでは，足環を付ける個体が成体のみの場合，幼体と成体を含む場合，幼体と亜成体と成体を含む場合を扱うことができる．生存率と回収率は，一定の場合と，齢階級や年によって異なる場合がある．モデルの推定値は一般に陽には求まらず，適切な計算機ソフトウェアを用いて数値的に方程式を解く必要がある.

　死亡個体の回収に関連して提案された多数のモデルをここで詳しく説明することはできないが，モデル化の過程の本質を理解する上で特定のモデルをある程度詳しく見ることは有益だろう．Brownie et al.（1985, p. 15）で最初に議論されたモデルを取り上げよう.

　$1, 2, \ldots, k$ 年目に複数の鳥に足環を付け，$2, 3, \ldots, k, k+1, \ldots, l$ 年目に回収の記録があるとしよう．この時，基本的なデータは表8.4のように表される．すなわち，j 年目に N_j 羽の鳥が放たれ，i 年目にそのうち a_{ji} 個体が死んだ状態で回収される（またはその足環が回収される）が，$N_j - R_j$ 個体は最後まで回収されない[2]．j 年目の全ての鳥の生存率を S_j，その年に死亡した鳥（またはその足環）が回収される確率を f_j とすると，表8.5に示す確率が得られる．たとえば，2年目に放たれた鳥のうち1羽が4年目に死亡して回収される確率は $S_2 S_3 f_4$ である.

　このモデルでは，最尤原理に基づいて大部分の未知パラメータが陽に求まる．j $(= 1, 2, \ldots, k)$ 年目の回収率の推定量は次の通りである.

$$\hat{f}_j = \frac{R_j C_j}{N_j T_j} \tag{8.14}$$

ここで R_j は j 年目に放たれた N_j 個体のうち回収された個体の総数，C_j は j 年目に死んで回収された個体の総数である（表8.4）．T_j の定義はより複雑であり，値は以下の式から算出する必要がある.

---

2)【訳注】R_j の定義については次の段落を参照のこと.

表 **8.4** 放鳥を k 年, 死亡個体の回収を l 年間実施した鳥類標識調査で得られるデータ.

解放年	解放個体数	死亡個体の年間回収数					回収個体の総計
		1	2	3	$\cdots$	l	
1	N_1	a_{11}	a_{12}	a_{13}	$\cdots$	a_{1l}	R_1
2	N_2		a_{22}	a_{23}	$\cdots$	a_{2l}	R_2
3	N_3			a_{33}	$\cdots$	a_{3l}	R_3
$\vdots$	$\vdots$				$\ddots$	$\vdots$	$\vdots$
k	N_k					a_{kl}	R_k
C_j (年総計)		C_1	C_2	C_3	$\cdots$	C_l	

表 **8.5** 表 8.4 の回収履歴に関する確率.

解放年	解放個体数	死亡個体の年間回収数					回収確率
		1	2	3	$\cdots$	l	
1	N_1	f_1	$S_1 f_2$	$S_1 S_2 f_3$	$\cdots$	$S_1 \ldots S_{l-1} f_l$	θ_1
2	N_2		f_2	$S_2 f_3$	$\cdots$	$S_2 \ldots S_{l-1} f_l$	θ_2
3	N_3			f_3	$\cdots$	$S_3 \ldots S_{l-1} f_l$	θ_3
$\vdots$	$\vdots$				$\ddots$	$\vdots$	$\vdots$
k	N_k					$S_k \ldots S_{l-1} f_l$	θ_k

注 回収確率 θ_j $(1 \leq j \leq k)$ は, 表の j 行目に示された j 年目から l 年目までの回収確率の和である. たとえば θ_3 は, 表の 3 行目に示された 3 年目から l 年目までの回収確率の和となる.

$$T_j = \begin{cases} R_j & j = 1 \\ R_j + T_{j-1} - C_{j-1} & j = 2, 3, \ldots, k \\ T_{j-1} - C_{j-1} & j = k+1, k+2, \ldots, l \end{cases}$$

年間生存率 S_j $(j = 1, 2, \ldots, k-1)$ の推定量は次の通りである.

$$\hat{S}_j = \frac{(R_j/N_j)(1 - C_j/T_j)(N_{j+1} + 1)}{R_{j+1} + 1} \tag{8.15}$$

ここで, 偏りを減らすために N_{j+1} と R_{j+1} に 1 が加えられている. 最尤推定量にはこうした加算は含まれない.

推定量の分散の近似値は次の式で与えられる.

$$\widehat{\mathrm{Var}}(\hat{f}_j) \approx \hat{f}_j^2 \left(\frac{1}{R_j} - \frac{1}{N_j} + \frac{1}{C_j} - \frac{1}{T_j} \right) \tag{8.16}$$

$$\widehat{\text{Var}}(\hat{S}_j) \approx \hat{S}_j^2 \left(\frac{1}{R_j} - \frac{1}{N_j} + \frac{1}{R_{j+1}} - \frac{1}{N_{j+1}} + \frac{1}{T_{j+1} - R_{j+1}} - \frac{1}{T_j} \right) \quad (8.17)$$

標準誤差は推定分散の平方根より推定され，近似$100(1-\alpha)$% 信頼区間は通常の方法で，（推定値）±（標準誤差の定数倍）の形で求められる．

Brownie et al.（1985）では，このモデルの変形として，生存率 S_j または回収率 f_j のいずれか（または両方）が時間によって変化しないものなどが議論されており，適切な統計的検定によって観測データに対するモデルの適合性が評価されている．

例8.2 アメリカオシの雄の回収率

Brownie et al.（1985, p.14）では，アメリカ合衆国中西部の州で 1964〜1966 年の狩猟期の前に足環を付けられたアメリカオシ（*Aix sponsa*）の雄の標識と回収のデータ例が扱われている．このデータは 1964 年から 1968 年にかけて回収された死亡個体が記録されている．この回収データを，派生統計量 R_j, C_j, T_j とともに表 8.6 に示した．

式（8.14）より

$$\hat{f}_1 = \frac{265 \times 127}{1603 \times 265} = 0.0792$$

であることから，1964 年に死亡した個体の 7.9% から足環が回収されたと推定される．式（8.16）より，推定分散は

$$\widehat{\text{Var}}(\hat{f}_1) = 0.0792^2 \times \left(\frac{1}{265} - \frac{1}{1603} + \frac{1}{127} - \frac{1}{265} \right) = 0.00004548$$

となり，推定標準誤差は $\sqrt{0.00004548} = 0.0067$ となる．これより，真の回収

表8.6 アメリカ合衆国中西部の州で狩猟期前に標識付けされた雄のアメリカオシの標識と回収のデータ．

解放年	解放個体数	死亡個体の年間回収数					R
		1964	1965	1966	1967	1968	（回収個体の総計）
1964	1603	127	44	37	40	17	265
1965	1595		62	76	44	28	210
1966	1157			82	61	24	167
C（年総計）		127	106	195	145	69	
T（本文を参照）		265	348	409	214	69	

率の近似95%信頼区間は $0.0792 \pm 1.96 \times 0.0067$，つまり $0.066 \sim 0.092$（6.6～9.2%）となる．他の回収率についても同様に計算すると，$\hat{f}_2 = 0.0401$ で標準誤差は 0.0041，95%信頼区間は $0.032 \sim 0.048$，$\hat{f}_3 = 0.0688$ で標準誤差は 0.0061，95%信頼区間は $0.057 \sim 0.081$ となる．式（8.15）より

$$\hat{S}_1 = \frac{265}{1603} \times \left(1 - \frac{127}{265}\right) \times \frac{1596}{211} = 0.651$$

となり，1964年当初に生きていた個体の65.1%がその年に生存したと推定される．式（8.17）より，推定分散は

$$\widehat{\mathrm{Var}}(\hat{S}_j) = 0.651^2 \times \left(\frac{1}{265} - \frac{1}{1603} + \frac{1}{210} - \frac{1}{1595} + \frac{1}{348 - 210} - \frac{1}{265}\right)$$
$$= 0.004556$$

となり，推定標準誤差は $\sqrt{0.004556} = 0.0675$ となる．母集団生存率の近似95%信頼区間は $0.651 \pm 1.96 \times 0.0675$，すなわち $0.519 \sim 0.784$ となる．1965年の生存率を推定することも可能である．これは $\hat{S}_2 = 0.631$，標準誤差 0.0647 と推定され，近似95%信頼区間は $0.504 \sim 0.758$ である．

8.5 無線標識付きの個体を用いた推定

　近年の技術の進歩により，小動物にも無線標識を装着して移動を監視することが可能となった．これにより，発信機を付けた動物を標識したものとみなして標識再捕法を用いることができる．生存率や移出入を考慮せずとも調査領域にどの標識付き動物が存在するかがわかるため，従来の標識法に比べて大きな利点がある．

　基本的に，標本を取得する際に調査領域にいることが確認された無線標識付き個体が，個体群サイズの推定に必要な標識付き個体として扱われる．形式的には，Petersen-Lincoln 推定量 $\hat{N} = n_1 n_2 / m_2$ か，より良い方法としてバイアス補正された推定量が用いられる．

$$\hat{N}^* = \frac{(n_1 + 1)(n_2 + 1)}{m_2 + 1} - 1 \tag{8.18}$$

ここで，n_1 は調査領域で捕獲されうる状態にある無線標識付き個体の数，n_2 はその領域からの標本で捕獲された個体の数，m_2 は大きさ n_2 の標本に見られた標識付き個体の数である．これは，無線標識が付いているかどうかに関わらず，ある個体が大きさ n_2 の2番目の標本に含まれる確率が等しくなる有効な手続きである．また，式（8.18）の推定量の標準誤差は通常の式を用いて近似される．

$$\widehat{\mathrm{SE}}(\hat{N}^*) = \sqrt{\frac{(n_1 + 1)(n_2 + 1)(n_1 - m_2)(n_2 - m_2)}{(m_2 + 1)^2(m_2 + 2)}} \qquad (8.19)$$

調査領域において，個体を見つけるための調査を k 回独立に，異なる時点で行った場合，これらの調査のそれぞれを個体群推定の2番目の標本として扱うことができる．これらの調査から，k 個の独立な推定値 $\hat{N}_1^*, \hat{N}_2^*, \ldots, \hat{N}_k^*$ と，それに対応する推定標準誤差 $\widehat{\mathrm{SE}}(\hat{N}_1^*), \widehat{\mathrm{SE}}(\hat{N}_2^*), \ldots, \widehat{\mathrm{SE}}(\hat{N}_k^*)$ が得られる．

一連の個体群サイズ推定値の適切な扱い方は，その個体群が開放型か閉鎖型かによって異なる．もし個体群が開放型であれば，一連の推定値を用いて個体群サイズの変化を監視できる．この場合，捕獲可能な標識付き個体の数は推定値でなく既知の値であるため，JS法よりも良い結果が得られるはずである．一方，個体群が閉鎖型の場合は，全ての推定値は固定された一定の個体群サイズから生成されているはずであり，これらの平均を取って最良の統合推定値を得ることを考えるのが適切である．

一連の独立な推定値から閉鎖個体群の大きさの統合推定値を1つ生成する方法は数多く提案されている．独立な推定値がいずれもほぼ同じ精度であれば，単純平均が適切である．

$$\hat{N}^* = \frac{\hat{N}_1^* + \hat{N}_2^* + \cdots + \hat{N}_k^*}{k}$$

標準誤差は通常の式 $\widehat{\mathrm{SE}}(\hat{N}^*) = \sqrt{\sum_j \mathrm{Var}(\hat{N}_j^*)/k}$ より推定できる．しかし，他の機会より集中的に行われた調査があるためにこれが当てはまらない場合には，より複雑な統合推定量を用いる必要がある．White and Garrott（1990, 第10章）は利用できる6つの統合推定量について考察し，一般には同時最尤推定量が最適で，次に単純平均が良いと結論している．

8.6 柔軟なモデル化の手続き

Lebreton et al.（1992）が提唱する標識再捕データのモデル化は，Cormack（1964），Jolly（1965），Seber（1965）の研究を一般化したものである．まず，捕獲率と生存率の推定値を得るためのモデルを提案する．次に，最初の捕獲時点を所与として，再捕獲のパターンが観測される確率の積を取って一連のデータに対する尤度関数を構築する．この関数を，モデルの未知パラメータについて最大化する．たとえば，7年間継続された動物個体群の調査で，ある個体の捕獲と再捕獲が0110100と記録されたとしよう．ここで，1は捕獲されたことを，0は捕獲されなかったことを示す．つまりこの個体は，2年目に初めて捕獲された後，3年目と5年目に再捕獲されている．このような個体に対して，再捕獲パターンの確率は次のように仮定される．

$$\phi_2 p_3 \phi_3 (1-p_4) \phi_4 p_5 \{(1-\phi_5) + \phi_5(1-p_6)(1-\phi_6) + \phi_5(1-p_6)\phi_6(1-p_7)\}$$

ここで，ϕ_j は j 年目から $j+1$ 年目にかけて生存する確率，p_j は j 年目に捕獲される確率，中括弧の中で足されている3つの項は（1）最後の目撃の翌年に死亡する確率，（2）6年目まで生存して，その年には捕獲されず，翌年に死亡する確率，（3）7年目まで生存して，6年目にも7年目にも捕獲されない確率を表す．所与のモデルについて他の全ての再捕獲パターンも同様の方法で確率を求めることができ，したがって原理的には尤度関数の構築は容易である．

このモデル化手法の重要な特徴は，個体群サイズの推定ではなく，生存確率と捕獲確率の推定に焦点を当てている点である．これが妥当と考えられる理由の1つは，標識再捕法による推定が個体群サイズの推定よりこれらのパラメータの推定に適していることである．もう1つの理由として，個体群動態において重要なのは生存確率であり，個体群サイズは生存率と繁殖率の結果に過ぎないということが挙げられる．

もちろん，個体群サイズの推定値が真に必要な場合もありうる．個体群サイズは依然として，推定式 $\hat{N}_j = n_j/\hat{p}_j$ を用いて導出できる．ここで，いずれも j 番目の標本について，$\hat{N}_j$ は推定個体群サイズ，n_j は捕獲された個体の数，$\hat{p}_j$ は推定捕獲確率である．この推定量は，標識の付いた個体と付いていない個体

の間で捕獲確率が等しい場合に有効である（この仮定は生存確率の推定には必要ない）．分散は Taylor et al.（2002）で与えられ，Amstrup et al.（2005）の第9章（p. 244）で考察されている式を用いて推定できる．

8.6.1　捕獲確率と生存確率のモデル

Huggins（1991）のモデルに関する第7章の節では，以下の形のロジスティック関数によって捕獲確率をモデル化することの利点を考察した．

$$p_j = \frac{\exp(u_j)}{1 + \exp(u_j)} \tag{8.20}$$

捕獲確率と同様に，ここでは生存確率も以下のように表せる．

$$\phi_j = \frac{\exp(v_j)}{1 + \exp(v_j)} \tag{8.21}$$

このような共変量を含むロジスティック関数を CJS 尤度に組み込む方法は Lebreton et al.（1992）で正式に提案されたものであり，時間や齢，体重，性などによる個体差に関する効果を容易にモデル化できる．たとえば，x_j が j 年目から $j+1$ 年目までの気象の厳しさの指標であり，y_j が j 年目に個体の再捕獲のために費やした努力量の指標である場合，捕獲確率と生存確率を次のようにモデル化することが適切だと考えられる．

$$\phi_j = \frac{\exp(\alpha_0 + \alpha_1 x_j)}{1 + \exp(\alpha_0 + \alpha_1 x_j)} \tag{8.22}$$

$$p_j = \frac{\exp(\beta_0 + \beta_1 y_j)}{1 + \exp(\beta_0 + \beta_1 y_j)} \tag{8.23}$$

α と β が（最尤法により）推定されれば，ロジスティック方程式を用いて個体の生存確率と捕獲確率の推定値を求められる．

生存確率のモデル化にロジスティック回帰関数を用いる際の問題の1つは，単純な方法では関連する調査間隔の変化を考慮できないことである．たとえば，一部の標本の間には2年の間隔があり，他の標本の間には1年しか間隔がない場合，これを考慮するために標本間の間隔に関するパラメータをモデルに導入するという単純な方法が使えない．こうした場合に利用できるより良い関数として，比例ハザード関数 $\phi_j = \exp\{-\exp(-v_j)t_j\}$ が考えられる．ここで

t_j は，標本 j と $j+1$ の間の間隔である．現在までに，このように生存率をモデル化する方法は用いられていないようである．通常は，ϕ の t_j 乗を共変量とするロジスティック関数としてモデル化し，このパラメータの t_j 乗根を報告する方法が用いられている．この方法では，ある期間の生存率が，基本となる生存率（単位時間当たりの生存率）を間隔長で累乗した関数（すなわち ϕ^{t_j}）で表されると仮定している．このモデルが妥当な場合もあれば，そうでない場合もある．

パラメータが時間によって異なるモデルを指定する際にはいくつか注意すべき点がある．たとえば，k 個の標本を含む CJS モデルで，生存確率と捕獲確率について式（8.22）と式（8.23）のロジスティック関数を考えよう．このモデルには，パラメータが $2k-2$ 個（$\phi_1, \phi_2, \ldots, \phi_{k-1}$ と $p_2, p_3, \ldots, p_k$）含まれるが，ϕ_{k-1} と p_k の値を個別には推定できず，これらの積 $\phi_{k-1}p_k$ だけが推定可能である．ロジスティック関数の枠組みでこれに対処する方法の1つは，$\phi_{k-1} = \phi_{k-2}$ として次のパラメータ化を用いることである．

$$\phi_j = \begin{cases} \dfrac{\exp(\alpha_0 + \alpha_j)}{1 + \exp(\alpha_0 + \alpha_j)}, & 1 \le j \le k-3 \\ \dfrac{\exp(\alpha_0)}{1 + \exp(\alpha_0)}, & j = k-2, k-1 \end{cases}$$

$$p_j = \begin{cases} \dfrac{\exp(\beta_0)}{1 + \exp(\beta_0)}, & j = 2 \\ \dfrac{\exp(\beta_0 + \beta_j)}{1 + \exp(\beta_0 + \beta_j)}, & 3 \le j \le k \end{cases}$$

この場合のパラメータは $\alpha_0, \alpha_1, \ldots, \alpha_{k-3}$ と $\beta_0, \beta_3, \beta_4, \ldots, \beta_k$ の $2k-3$ 個であり，いずれも推定可能である．$\phi_1, \phi_2, \ldots, \phi_{k-2}$ と $p_2, p_3, \ldots, p_{k-1}$ について同じ推定値が得られるような他のパラメータ化を用いてもよい．

こうした問題は他のモデルでも同様に生じうる．そのため，利用可能なデータからどのパラメータを推定できるかを理解し，ロジスティック関数に適切なパラメータの組み合わせを選択することが重要である．残念ながら，現在，尤度関数の最大化に広く用いられている可変計量法（以下の考察を参照）は，当てはめるモデルに実際には個別に推定できないほど多くのパラメータが含まれている場合でも，尤度の最大値を決定できてしまう．そのため，パラメータ設

定が不適切であることは，当てはめの結果だけからはわからない場合がある．

8.6.2　候補となりうるモデル

　データ解析では，候補モデル一式を定義して，その中から1つを選択するという方法がとられる．たとえば，標識された各個体の性が記録されている場合，捕獲確率について以下のようなモデルが考えられる．(1) $sex * time$：捕獲確率は標本時点によって変動し，雄と雌の間でも異なる．(2) $sex + time$：捕獲確率は標本時点によって変動し，ロジスティックモデルの定数項も雄と雌の間で異なる．(3) sex：捕獲確率は時間的に一定だが，雄と雌の間で異なる．(4) $time$：捕獲確率は時間的に変動するが，雄と雌の間で異ならない．(5) $trend$：捕獲確率にトレンドがある．(6) $constant$：捕獲確率が一定である．

　これらのモデルは，共変量を慎重に選択すれば式 (8.20) のロジスティック関数で表現できる．たとえば，Lebreton et al.（1992, p. 77）で議論されているように，モデル $sex * time$ は，関数の引数 u_j を時間と性，およびこれらの因子の交互作用の効果を表す適切な指示変数の和とすることで設定できる．一方，モデル $sex + time$ では性と時間の主効果のみが u_j に含まれる．

　$time$ モデルと $trend$ モデルではどちらも，捕獲確率が時間とともに変化する．両者の違いは，$time$ モデルでは式 (8.20) の値 u_j に標本時点ごとに異なる成分が含まれるのに対し，$trend$ モデルでは推定が必要な係数を持つ量的変数として標本時点が含まれることである．つまり，$trend$ モデルでは時間変化を考慮するために推定されるパラメータは1つだけだが，$time$ モデルでは複数のパラメータが必要となる．$trend$ モデルは $time$ モデルの特殊な例である．

　捕獲確率に関するモデルと同様に，生存確率に関しても6つのモデルを考えることができるだろう．6つの捕獲確率モデルと6つの生存確率モデルの異なる組み合わせの全てを考慮すると，データに対して検討すべきモデルは $6 \times 6 = 36$ 通りになる．これら36通りのモデルは，特定の標識再捕研究に適している場合もあれば，そうでない場合もあることに注意しよう．

8.6.3　最尤推定

　標識再捕データに対するモデルのほとんどにおいて，尤度関数の数値的な最

大化が必要である．そのために様々なアルゴリズムを利用できるが，可変計量法（variable metric method）[3]には尤度関数の二階導関数の計算が必要ないという利点がある．さらに，最大化される関数が尤度そのものでなく対数尤度である場合，これらのアルゴリズムは（推定パラメータの共分散行列である）ヘッセ行列[4]の近似値を出力する．SURGE（Pradel and Lebreton, 1991）にはこの種類のアルゴリズムが使用されており，MRA-LGE プログラム（本章の補足資料として本書のサポートサイトから入手できる）では，このアルゴリズムを Press et al. (1992) で提供された FORTRAN サブルーチン DFMIN で実装したものが使用されている．また，R 言語で利用できる **mra** パッケージ（http://cran.r-project.org/web/packages/mra/index.html）や，MARK（http://www.phidot.org/software/mark/downloads）においても，この種類のアルゴリズムが実装されている．

8.6.4　2つのモデルを比較するための尤度比検定

最尤推定を用いた際に利用できる便利な手法の1つに，あるモデルの適合が，より単純な代替モデルの適合よりも有意に優れているかどうかの検定がある．この検定を利用できるのは，モデル1にモデル2より多くのパラメータが含まれており，そのためモデル2が特別な場合として含まれる場合である．つまり，モデル1のパラメータの1つ以上を何らかの方法で制約することで，モデル2が得られる場合である．

p_1 個の推定パラメータを含むモデル1の尤度関数の最大値を L_1，p_2 個の推定パラメータを含むモデル2の尤度関数の最大値を L_2 とする．この時，$p_1 > p_2$ であり，モデル1には追加のパラメータが含まれるため，$L_1 > L_2$ となることが期待される．標準的な結果として，より単純なモデル2が実際に正しい場合には，次の統計量が近似的に自由度 $p_1 - p_2$ の χ^2 分布に従う．

---

3)【訳注】準ニュートン法とも呼ばれる．

4)【訳注】多変数関数の二階偏導関数を成分とする行列をヘッセ行列（Hessian matrix）と呼ぶ．最尤推定量の共分散行列は，最尤推定値で評価された負の対数尤度のヘッセ行列（または対数尤度のヘッセ行列の符号を反転したもの）の逆行列によって推定される．

$$D = 2\{\log(L_1) - \log(L_2)\} \tag{8.24}$$

8.6.5　赤池情報量規準によるモデル選択

近年，標識再捕データのモデル選択の際に赤池情報量規準（AIC; Akaike, 1973）がよく使われるようになった（Anderson et al., 1994; Burnham and Anderson, 1992, 2002; Burnham et al., 1994; Huggins, 1991; Lebreton et al., 1992; Lebreton and North, 1993）．Burnham et al. (1995) は，この規準が，パラメータが少なすぎるモデルを用いることによる偏りと，パラメータが多すぎるモデルを用いることによる大きな分散の間で，良いバランスを与えることをシミュレーション研究によって示している．

この規準は次のように計算される．

$$\text{AIC} = -2\log(L_{\max}) + 2K \tag{8.25}$$

ここで，$L_{\max}$ はデータに対する尤度が最大となる点で評価された尤度の値であり，K はモデルの推定パラメータの数である．AIC の値は妥当と考えられる一連のモデルについて計算され，AIC が最小となるモデルが選択される．$2K$ という項があることで，多くのパラメータを持つモデルには罰則が与えられる．こうしたモデルはパラメータ数の少ないモデルよりもはるかに尤度が高くないと選択されない．

8.6.6　過大分散

過大分散（overdispersion）は計数データにおいてよく知られた現象である．過大分散とは，仮定したモデルの下で期待されるよりもデータの変動が大きくなってしまうことを指す．標識再捕データでは，再捕獲のパターンが異なる個体の間で独立でない場合や，一定と仮定されたパラメータが実際には変動している場合に過大分散が発生する．

過大分散を考慮する最も単純な方法は，全体の分散は一定の分散拡大係数（variance inflation factor, VIF）c だけ増加するものの，その点を除いて指定したモデルは正しいと仮定することである．c はデータから推定でき，様々な種類の解析に単純な調整を加えられる．標識再捕法の場合，これは次のように推定される．

$$\hat{c} = \frac{X^2}{df} \tag{8.26}$$

ここで, X^2 は次節で述べる適合度検定 TEST 2 と TEST 3 から得られる包括的検定統計量, df は自由度である.

　データセットを複製して人為的に大きくした場合に何が起こるかを考えることで, VIF の利用が有効な理由を説明できる. もし各個体の標識再捕パターンが, 1回ではなく2回, データセットに入力された場合, 全てのパラメータの分散は元のデータセットで得られる値に比べて半分になり, $\hat{c}$ は2倍になる. より一般には, 各個体が R 回だけデータセットに入力された場合, 元のデータセットから得られる値に比べて全ての分散は R 分の1, $\hat{c}$ は R 倍となる. つまり VIF は, 全ての個体の結果が独立なデータセットを基準に, あるデータセットの大きさを表す量だと解釈できる. 式 (8.26) による VIF の推定は, 当てはめたモデルの仮定が正しく, 全ての個体のデータが独立であれば, $\hat{c}$ の期待値はおおよそ1であるという事実から正当化される. したがって, モデルの仮定は正しくても個体のデータが独立でない場合には, $\hat{c}$ の期待値は c となる.

　実際には, 各個体の結果の重複よりも, もっと複雑な理由で過大分散が生じることが多いだろう. それでも, 必要な場合には, $\hat{c}$ を用いてデータの不均一性を考慮することが効果的だと考えられる.

　Anderson et al. (1994) は, $\hat{c}$ を用いて以下の QAIC (quasi-AIC) によるモデル選択を行うと, 過剰適合と適合不足のバランスをうまく取れることを示している.

$$\text{QAIC} = -\frac{2\log(L_{\max})}{\hat{c}} + 2K \tag{8.27}$$

　モデル選択に加えて, パラメータ推定量の分散の調節も VIF を用いて行うことができる. この調節は, モデルを当てはめる通常の手続きで得られた分散に $\hat{c}$ を乗じることで行われる.

　VIF による調節をルーチンとする場合には, 一般にその正しい値は1以上であることに注意すべきである. そのため, もし式 (8.26) で $\hat{c} < 1$ が得られた場合には, これを $\hat{c} = 1$ に変更する (すなわち, 過大分散はないと仮定する) べきである.

8.7 適合度検定

Burnham et al.（1987）では，標識再捕データに対するモデルの適合度検定が3つ議論されている．TEST 1は，異なる処理を受ける個体のグループが2つ以上ある場合に適用できる．この検定はほとんどのデータセットに適用できないので，ここではこれ以上検討しない．TEST 2では，ある標本，または標本間の期間において，生存確率と捕獲確率が全ての個体で同じであるという帰無仮説，すなわち，JSモデルが正しいことを検定する．TEST 3もまた，JSモデルの仮定が正しいかどうかを検定するものであるが，生存確率と捕獲確率が解放の時期によって異なるという対立仮説と対比される．これらの検定の詳細についてはBurnham et al.（1987）を参照してほしい．

8.8 標識再捕法のモデル化の例

ここまで説明してきた方法の使用例を考えよう．これらの例に必要な計算は，MRA-LGEとMRA36，Rのmraパッケージの3つの計算機プログラムを用いて行ったが（本書のサポートサイトを参照），MARKや，RのRMarkパッケージのルーチンなど，他のプログラムを用いても実行できるだろう．基本的に，MRA-LGEは，式（8.20）と式（8.21）の形のロジスティック関数によって生存確率と捕獲確率が表される，任意の標識再捕法モデルをデータに当てはめるものである．MRA36は，雄と雌のような2グループの個体のデータには8.6節で説明した36のモデルを当てはめる．個体が1グループのみの場合には，関連する9つのモデルを当てはめる．8.6節で述べた36のモデルを当てはめるのに必要なRコードは本書のサポートサイトから入手できる．

Lebreton et al.（1992）が検討した例の1つは，フランス東部のムナジロカワガラス（*Cinclus cinclus*）に関するものである．この例では，雄141羽，雌153羽の計294羽について標識再捕の記録がある．1981年から1987年まで，1年ごとに7つの標本が得られているが，1982年から1983年，および1983年から1984年の生存確率は，大規模な洪水の影響を受けている可能性があると

いう追加情報がある.

8.8.1 一定の捕獲確率

標識された鳥が(それが可能な場合に)再捕獲される確率は2年目から7年目までの各年で等しく,また,ある年からその翌年までの生存確率は時間によって異なるが,雄と雌の間で等しいと仮定したモデルの当てはめを考えよう.これはpが一定,ϕが時間変化するモデルである.ここでこのモデルを使うのは,モデル当てはめの手続きの説明という目的のためだけである.このモデルは,本格的な解析を始める際に,これらのデータに当てはめるモデルとして最初に選ばれるようなものではない.

このモデルでは,標識された鳥がある年に捕獲される一定確率の推定値は$\hat{p} = \exp(2.220)/\{1 + \exp(2.220)\} = 0.902$,標準誤差の推定値は0.029となり,一方で1年目から6年目までの生存率の推定値は以下の通りとなる(括弧内に標準誤差を表す).

$$\hat{\phi}_1 = \frac{\exp(0.336 + 0.178)}{1 + \exp(0.336 + 0.178)} = 0.626 \ (0.113)$$

$$\hat{\phi}_2 = \frac{\exp(0.336 - 0.520)}{1 + \exp(0.336 - 0.520)} = 0.454 \ (0.067)$$

$$\hat{\phi}_3 = \frac{\exp(0.336 - 0.423)}{1 + \exp(0.336 - 0.423)} = 0.478 \ (0.059)$$

$$\hat{\phi}_4 = \frac{\exp(0.336 + 0.172)}{1 + \exp(0.336 + 0.172)} = 0.624 \ (0.058)$$

$$\hat{\phi}_5 = \frac{\exp(0.336 + 0.102)}{1 + \exp(0.336 + 0.102)} = 0.608 \ (0.055)$$

$$\hat{\phi}_6 = \frac{\exp(0.336)}{1 + \exp(0.336)} = 0.583 \ (0.058)$$

これらの推定値はそれぞれ,1981年から1982年,1982年から1983年,それ以降同様に1986年から1987年までの生存率である.

このモデルには推定されたパラメータが7つ含まれる.最大対数尤度は-329.87,式(8.25)のAICは673.73である.TEST 2とTEST 3の包括統計量は自由度10で11.76であり,これは全く有意な大きさではない.したがっ

て，これらのデータに対して基本的な JS モデルの適合度が不足しているという証拠はない.

8.8.2 洪水の影響を考慮する

ここでは，先に当てはめたモデルとより単純なモデルとの比較に関心があるとしよう. より単純なモデルとは，再捕獲確率は全ての鳥と年で等しく，生存確率は2つの値のうちの1つを取るというものである. 1982 年から 1983 年と 1983 年から 1984 年の生存確率は洪水の影響により等しく，それ以外の年の生存確率は異なる値を取ると仮定する.

このモデルは，洪水の影響を受けた年は 1，それ以外の年は 0 の値を取る変数 Y を入力データに含めれば，MRA-LGE を用いて当てはめられる. 捕獲確率が一定かつ生存率が2つの3パラメータモデルを当てはめると，最大対数尤度は -330.05 となる. 尤度比検定を用いてこのモデルと先に当てはめたモデルの適合度を比較すると，式（8.24）より $D = 2\{(-329.87) - (-330.05)\} = 0.36$，自由度は $7 - 3 = 4$ である. この結果から，より複雑な1つ目のモデルが必要であるという証拠はないと言える.

8.8.3 QAIC によるモデル選択

8.6 節で定義された 36 のモデルをムナジロカワガラスのデータに当てはめるのに，計算機プログラム MRA36 を用いることができる. その結果，$\hat{c}$ は 1.18 となり，QAIC によると p と ϕ が一定のモデルが最適となった. つまり，捕獲確率と生存確率は常に全ての鳥で等しい. 洪水の影響を考慮したモデルは MRA36 で扱われていないため，p と ϕ が一定のモデルと洪水の影響を考慮したモデルの比較も行った. QAIC によれば，2つのモデルのうち，より適切なのは洪水効果を含むモデルであることが示唆された.

8.9 開放個体群モデルに関する最近の動向

Handbook of Capture-Recapture Analysis（Amstrup et al., 2005）では，開放個体群と閉鎖個体群の標識再捕データの解析，標識回収モデル，標識回収

データと生存個体の再発見データの同時解析，多状態モデル（捕獲再捕獲標本抽出が行われる間に個体が複数の状態を推移するモデル）に関する最近の多くの発展について述べられている．また，8つのデータセットの解析についても議論されている．

8.10 捕獲再捕獲法の解析のための一般的な計算機プログラム

Handbook of Capture-Recapture Analysis には，捕獲再捕獲法データの解析に利用できる11のプログラムに関する情報も記述されている．その中でもMARK は捕獲再捕獲法データの解析に特化した最も有名なプログラムであり，他のプログラムの機能の多くを備えている．MARK はインターネットで無料で公開されており（http://www.phidot.org/software/mark/downloads），包括的な手引書も用意されている．手引書の例題ではプログラムの使用方法も紹介されている．MARK プログラムや捕獲再捕獲法の解析全般に関する健全な議論の場として，phidot.org（http://www.phidot.org/forum/index.php）がある．

　R では，捕獲再捕獲法モデルの当てはめに2つの選択肢がある．1つ目はRMark パッケージ（http://cran.r-project.org/web/packages/RMark/）のルーチンである．これらのルーチンではR言語を用いてデータの操作や作図を行うことができるが，モデルの推定ではバックグラウンドでMARK を呼び出す．このように，RMark は MARK の推定ルーチンへのインターフェースとなっている．R でのもう1つの選択肢は，mra パッケージ（http://cran.r-project.org/web/packages/mra/）のルーチンの利用である．RMark と同様にこれらのルーチンではR によるデータの操作や作図を行えるが，RMarkとは異なり，モデルの推定には FORTRAN のルーチンが利用される．

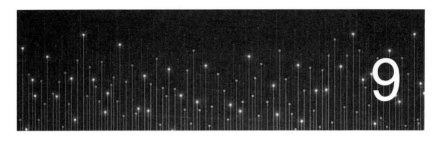

占有モデル

Darryl MacKenzie

9.1 はじめに

　占有モデル（occupancy model）は，実際には種が存在している地点でも，調査の際には検出されない場合がありうるという事実を考慮しつつ，種の在・不在を調べるための一連の手法である．これらの手法は，種分布モデリング，メタ個体群研究，生息地モデリング，資源選択関数など，生態学の幅広い応用において有用であり，モニタリングプログラムでも役立つ（MacKenzie et al., 2006）．現在の分布における重要な生息地関係の特定といった種の出現パターンの評価だけでなく，時間に伴う種分布の変化を理解・予測する上でも有用である．占有モデルはまた，在・不在データ（またはより一般に，ある単位における種の状態を表す2つのカテゴリ）だけでなく，複数のカテゴリ（たとえば，不在・繁殖を伴わない在・繁殖を伴う在，あるいは，ゼロ個体・少数の個体・多数の個体など）を扱えるようにも拡張されている（Royle and Link, 2005; Nichols et al., 2007; MacKenzie et al., 2009）．

　研究デザインは，占有モデルを正しく適用する上で重要な要素である．あらゆるモデル化の実践と同様に，確実なデータがなければ占有モデルによる推測は信頼性に欠けてしまう．慎重なデザインの手続きを経ることで，モデル化によって得られる結論はより正確なものとなり，研究やモニタリングプログラム

の成功に向けた期待がより現実的なものとなる.

　本章では，解析とデザインの両方の観点から占有モデルの主な特徴を説明する．最初にデータの種類と標本抽出の基本的な要件の概要を説明した後，単一の期間における種の出現に関する問題を扱うモデル（1期間（single-season）モデル）と，出現の変動に関する問題を扱うモデル（多期間（multiseason）モデル）を紹介する．続いて研究デザインの問題を考察し，最後に総論を述べる.

9.2　全体の概要

　あらかじめ定義されたある領域内における，対象種の出現に関心のある状況を想定する．この領域は多数の単位から構成されており，そのそれぞれで種は存在するか，存在しないかのどちらかである（あるいは，その他の方法で分類される）．対象種と，研究やモニタリングプログラムの目的に依存して，単位の実態は異なりうる．単位は，池や生息地パッチなどの自然の特徴により定義される場合と，格子セルや河川のセグメント，トランセクトなどによって任意に定義される場合がある．領域内の全ての単位を集めたものが対象の統計的母集団とみなされる．これらの問題については，本章の後半でさらに詳しく説明する.

　ある時点における各単位の種の状態は，複数のカテゴリのうちのいずれか1つである．こうした分類の例として，在・不在，使用・不使用，繁殖を伴う在・繁殖を伴わない在・不在などがある．単位の状態は，何らかの動的な過程によって時間とともに変化する場合がある．種の状態が安定している，または静的であるとみなせる期間が存在することを想定する．こうした期間は**季節**（season）と呼ばれ，気候や繁殖期など，生物学的に関連した季節と対応する場合もあれば，そうでない場合もある[1].

　調査は各単位における種の状態を把握するために行われる．対象領域内の全ての単位を調査する必要はなく，標本抽出法を用いて調査を行う一部の単位を

---

1)【訳注】本書では，実質的に「季節」の意味がある場合を除いて，season を単に「期間」と訳している.

選択すれば，その結果を単位の母集団に一般化できる．ここでは対象領域内の単位の総数を S，この母集団からの標本の大きさを s と表す．

　実際問題として，各単位で種を調べるための調査手法は不完全な場合が多い．つまり，単位における種の真の状態を常に観測できるとは限らず，単位の分類を誤ってしまう可能性がある．生じうる誤分類は一方向的であることが仮定される．すなわち，種の状態を明確に確定できる観測結果がある一方で，潜在的な不確実性が残るような観測結果もありうる．たとえば，ある種が検出された場合はその種の存在を確定できるが，検出されなかった場合はその種の不在を確定できない．

　検出が不完全であるため，種の調査は各期間中に複数回，実施する必要がある．応用例によって反復調査の詳細は異なるが，各標本抽出単位を期間を空けて訪問することや，一度の訪問で複数回の調査を行うことなどが選択肢に含まれる．詳しくは研究デザインの節で説明する．

9.3　1期間モデル

　1期間モデルは，ある時点において種が景観上にどう分布しているかに関心のある場合に利用される．現在の分布のパターンを記述すること，およびそれを各標本抽出単位で利用可能な共変量や予測変数と関連付けることが可能である．最初に，1期間モデルを2カテゴリ（例：在・不在）の占有モデルの観点から構築し，その後，複数カテゴリへの拡張を考察する．

9.3.1　2カテゴリのモデル

　2カテゴリの応用では，各標本抽出単位における種の状態は，取りうる2つのカテゴリのうちのどちらかである．典型的な例は，各単位に種が存在するか否か，あるいは単位が種によって利用されているか否かなどである．他の定義（たとえば個体数量が大きい・大きくないなど）もありうる．調査での野外観測はこれらの各カテゴリと対応し（たとえば，検出・不検出），片方の観測結果は単位における種の状態を裏付けるものである（たとえば，検出は種が存在しなければ起こらない）．一方で，もう片方の観測結果には曖昧さがある（た

とえば，不検出は種が存在する場合と存在しない場合の両方で生じる可能性がある）．

　種の出現と観測過程を確実に区別するためには，反復調査が必要である．調査で種が検出されたことを1，検出されなかったことを0で表すと，ある単位における**検出履歴**（detection history）として，たとえば $h_i = 101$ などが得られる[2]．関心のある2つのカテゴリが在・不在である場合，この検出履歴を言葉で表すと「種はその単位に存在しており，最初の調査では検出され，2回目の調査では検出されず，3回目の調査では検出された」ことを意味する．

　ある単位に種が存在する確率を ψ，種が単位に存在する場合に j 回目の調査で種を検出する確率を p_j とする．言葉による説明の語句のそれぞれを関連する確率に置き換えることで，検出を観測する確率が表現される．こうして得られる表現をここでは**確率文**（probability statement）と呼ぶ．先に述べた単位 i での検出履歴 h_i に対する確率文は次のようになる．

$$\Pr(h_i = 101) = \psi p_1 (1 - p_2) p_3$$

　3回の調査のいずれにおいても種が検出されなかった場合（つまり000の場合），その種が本当にその単位に存在したのか，それとも存在しなかったのかについて曖昧さが残る．この検出履歴も言葉で表現すれば，「その種は存在していたが3回の調査の全てで検出されなかった，またはその種はそもそも存在していない」ということになる．この曖昧さを所与のデータに基づいて解消することはできないが，確率文で説明することで不完全な検出による偏りを除去できる．この検出に対する確率文は次のようになる．

$$\Pr(h_i = 000) = \psi(1 - p_1)(1 - p_2)(1 - p_3) + (1 - \psi)$$

観測の曖昧さは，確率文で2つの項の和を取ることで考慮されている．これらの項は単位で種が検出されなかったことについて考えられる説明となっており，それぞれ偽の不在と真の不在を表している．

　確率文は調査された s 個の標本抽出単位の全てに対して構築でき，最尤法またはベイズ法の枠組みでこれらを組み合わせて用いれば，通常の方法で結果を

---

2)【訳注】ここで，i は単位を表す添字である．

得ることができる．また，各単位で標本抽出の努力量を均等にする必要はな
く，単位当たりの調査回数は一定でなくてもよい（MacKenzie et al., 2002 を
参照されたい）．

例9.1　サンショウウオの例

　　MacKenzie et al.（2006）は，テネシー州のグレート・スモーキー国立公園で
収集されたサンショウウオの一種（blue-ridge two-lined salamander; *Eurycea
wilderae*）のデータから得られた結果を示している．2001 年 4 月から 6 月中旬
にかけて，39 個の 50 m トランセクトが 5 回にわたり調査された．各トランセク
トは，岩や丸太などの物体を持ち上げてサンショウウオの有無を確認する自然被
覆トランセクトと，それに並行して設置された，環境への影響を軽減するための
被覆板（マツの板）を 10 m ごとに配置して探索する人工被覆トランセクトから
構成されている．MacKenzie et al.（2006）では 2 種類のトランセクトのデー
タをまとめて，トランセクトでの調査ごとに検出・不検出の記録を 1 つにした．
元の研究の詳細は Bailey et al.（2004）に記述されている．

　　39 個のトランセクトのうち 18 個で，サンショウウオが 1 回以上検出された．
このデータからサンショウウオが出現する確率を補正なしに推定すると 0.46 と
なり，標準誤差（SE）は 0.11 となる．検出確率が 5 回の調査の全てで等しいと
仮定して偽の不在の可能性を考慮する方法を用いると，サンショウウオがトラン
セクトに存在する確率は 0.59，標準誤差は 0.12 と推定される．推定値が補正前
と比べて 30% ほど高くなったのは，検出確率が調査当たり 0.26（SE = 0.05）と
低く推定されたためである．サンショウウオが存在するトランセクトで 5 回の調
査を行って不検出となる確率は，$(1 - 0.26)^5 = 0.22$ である．つまり，サンショ
ウウオが生息するトランセクトのうちの 22% は，5 回の調査で不検出となってい
る可能性がある．

9.3.2　複数カテゴリのモデル

　Royle and Link（2005）と Nichols et al.（2007）は，景観中の異なる地点
にいる種の状態を示すカテゴリが 2 つでは不十分な場合にも適用できるよう，
MacKenzie et al.（2002）の 2 カテゴリモデルを拡張した．Royle and Link

（2005）は，繁殖中の両生類の鳴き声の指数データに基づき，相対的な個体数量を表す4つのカテゴリに着目する状況を検討した．また，Nichols et al.（2007）は，アメリカのシエラネバダ山脈にある調査地でニシアメリカフクロウの亜種（*Strix occidentalis occidentalis*）の繁殖成功を評価する3つのカテゴリ（不在，存在するが繁殖に成功していない，存在して繁殖に成功している）に関心のある状況を検討した．いずれの場合も，一方向的な誤分類が生じる可能性がある．たとえば，少数の個体の鳴き声が記録された場合には種が不在である可能性を除外できるが，実際にはより多くの個体が標本単位に存在しており，その一部は不検出であった可能性を排除できない．Royle and Link（2005）とNichols et al.（2007）は異なるパラメータ化を用いているが，MacKenzie et al.（2009）が指摘したように，基本的なモデル化の枠組みは同じである．異なるパラメータ化の詳細はここでは述べないので，引用文献を参照してほしい．以下の説明ではかなり一般的なパラメータ化を用いているが，他のパラメータ化を用いることも可能であり，個別の応用ではそのほうがより合理的と考えられる場合があることに留意されたい．

　複数カテゴリの場合，各調査の結果は，2カテゴリの場合のように0,1でなく，0,1,2などのように記録される．2カテゴリモデルの場合と同様に，検出履歴の曖昧さを解消するために個々の結果に対する確率の和が取られる．技術的に言えば，この手続きは，取りうる占有状態についての積分である．たとえば，パラメータが次のように定義されるとしよう．

$\phi^{[m]}$：ある単位のカテゴリがmである確率
$p_j^{[l,m]}$：その単位の真のカテゴリがmである場合に，j回目の調査でカテゴリl
　　　の証拠を観測する確率

この時，検出履歴 021 の確率文は次のようになる[3]．

$$\Pr(h_i = 021) = \phi^{[2]} p_1^{[0,2]} p_2^{[2,2]} p_3^{[1,2]}$$

　たとえば，繁殖を伴う種の存在と繁殖を伴わない種の存在で3つのカテゴリ

---

3)【訳注】ここでは，最大のカテゴリは2であることが想定されている．

を考える文脈では，この検出履歴の言葉による表現は以下のようになる：「この単位には種が存在し，繁殖が行われている．1回目の調査では種は全く検出されなかった．2回目の調査では種が検出され，繁殖の証拠も観測された．3回目の調査では種が検出されたが，繁殖の証拠は観測されなかった」．この場合，調査中に一度は繁殖の証拠（つまり，2）が観測され，繁殖が行われていることを確認できているため，検出履歴に曖昧さは残っていない．

2つ目の例として，曖昧さが残る結果110を考えよう．この場合，少なくとも1度は種が検出されているので種が単位に存在しない可能性は排除されるが，繁殖の証拠が見出されなかったことは現実にそこで繁殖が行われている可能性を排除しない．これに対する確率文は次のようになる．

$$\mathrm{Pr}(h_i = 110) = \phi^{[2]} p_1^{[1,2]} p_2^{[1,2]} p_3^{[0,2]} + \phi^{[1]} p_1^{[1,1]} p_2^{[1,1]} p_3^{[0,1]}$$

ここでは，単位で繁殖が行われているかどうかに関連する2通りの選択肢がある．すなわち，単位には種が存在して繁殖しており，1回目と2回目の調査では種が検出されたが繁殖の証拠は観測されず，3回目の調査では種が検出されなかった場合．**または**，単位に種が存在しているが繁殖はしておらず，1回目と2回目の調査では種が検出されたが，3回目の調査では検出されなかった場合である．2つ目の選択肢では単位で繁殖が行われていないことが想定されているため，繁殖の証拠を観測する可能性はないことに注意してほしい．したがって，検出確率の上付き文字の2番目は1である（種は繁殖せずに存在している）．

前述のように，標本抽出された全ての単位の確率文が決まれば，それを組み合わせて最尤推定値を求めたり，ベイズの枠組みを用いてパラメータの事後分布を求めたりすることができる．

9.4　多期間モデル

種の分布と出現の変化に関心がある場合には，多期間の占有モデルを利用できる．多期間モデルは，標本抽出単位の現在の占有状態が前の時点の状態と独立である，または，2つの期間における単位の占有状態の間に依存関係がある

ことを仮定して構築される．本節では，まず独立なモデル化の方法を簡単に説明した後，多くの状況でより現実的と考えられる独立でないモデル化の方法を説明する．2カテゴリの状況（たとえば在・不在）を特別な場合として含む，複数カテゴリのモデルを説明する．

9.4.1 独立な変化

ここで説明するモデル化の方法では，現在の単位の状態が前の期間の状態と独立だと仮定されるが，だからといって実際に依存性がある場合にこの手法を利用できないわけではない．各期間の全体的な出現パターンをモデル化するという意味では，独立性を仮定したモデルを用いても適切な結果を得ることができる．ただし，そうしたモデルでは基本的に占有の変化が無作為だと仮定されるため，変化の背景にある過程についての洞察が得られない（MacKenzie et al., 2006）．

多期間モデルは，独立性を仮定して，各期間のデータに一連の1期間モデルを当てはめることで構築できる．各期間のパラメータを関数によって関連付けることで，全体的な出現パターンの変化（経時的なトレンドなど）を考慮する．たとえば，種の在・不在に関心がある場合，それぞれの年 t における占有確率は次のようにモデル化できる．

$$\mathrm{logit}\,(\psi_t) = \beta_0 + \beta_1 t$$

ここで β_1 は，ロジット尺度上で評価された占有率のトレンドである（共変量の導入に関する節で詳しく説明する）．

各期間で同じ単位を調査することが望ましいが，そうでない場合には，各期間で収集されたデータが比較的独立になることがある（たとえば，期間ごとに調査対象の単位を無作為に選択した場合など）．その場合には，同じ単位から連続したデータを得ることが難しいかもしれない．こうした状況においては，標本抽出単位のスケールで背景の変化を具体的にモデル化する次のアプローチに比べて，独立なモデル化が成功する可能性は高いと考えられる．

9.4.2 独立でない変化

MacKenzie et al.（2003）は，MacKenzie et al.（2002）の2カテゴリ1期間

モデルを拡張し，一定間隔で並んだ各時点で同じ標本抽出単位からデータを収
集することで経時データを得る状況を扱っている．1期間モデルと同様に，検
出確率に関する情報を得るために各時点で反復調査が行われる．このモデルで
は，局所的な移入と絶滅の過程により生じる，単位の占有状態の時間変化が考
慮されている．これらの過程に異なる用語を用いても構わないが，これによっ
て基本的に，その単位における前の期間の種の在・不在に依存して，種の存在
確率が異なることが許されるようになる．Barbraud et al.（2003）は標識再捕
法モデルで開発された同様のアプローチについて言及している．MacKenzie
et al.（2009）は，Royle and Link（2005）と Nichols et al.（2007）の1期間
モデルを多期間の状況に拡張し，同様に経時データであることを仮定した複数
カテゴリモデルを提案している．

　確率文はこれまでと同様，観測の不完全性に由来する単位の真の状態の曖
昧さを考慮するために様々な選択肢を組み合わせることで得られる．これを
最も効率的に行う方法は適切に定義されたベクトルと行列の行列乗算を用い
ることであり，モデル化の鍵となるのは推移確率行列（transition probability
matrix）である．詳細については MacKenzie et al.（2003, 2006, 2009）を参
照されたい．

　推移確率行列は，ある単位の状態が期間 $t+1$ に特定のカテゴリである確率
を，期間 t における単位のカテゴリを条件として単純に定義したものである．
こうした条件付きのアプローチにより，モデルの依存構造が生じる．技術的に
言えば，モデル化は一次のマルコフ過程を仮定して行われることになる．期間
t に m の状態にある単位が，次の期間 $t+1$ に状態 n に変化する確率を $\phi_t^{[m,n]}$
とすると，たとえば，3つのカテゴリが考えられる状況の推移確率行列は以下
のようになる．

$$\phi_t = \begin{bmatrix} \phi_t^{[0,0]} & \phi_t^{[0,1]} & \phi_t^{[0,2]} \\ \phi_t^{[1,0]} & \phi_t^{[1,1]} & \phi_t^{[1,2]} \\ \phi_t^{[2,0]} & \phi_t^{[2,1]} & \phi_t^{[2,2]} \end{bmatrix}$$

ここで，行は時点 t における単位のカテゴリと関連しており，列は $t+1$ にお
けるカテゴリと対応している．各行の和は 1.0 になる必要があることに注意し
よう．そのため，各行の3つの確率のうち推定されるのは2つであり，3つ目

は減算によって決まる．この形式は多項型のパラメータ化である．すなわち，推定される2つの確率は独立であり，（和が1.0より小さい必要があるという点を除いて）制約がない．

多項型のパラメータ化は，（特に共変量を含める場合に）数値的な困難が生じる場合があり，また共変量効果の解釈も不明確になることがある．代替の方法として，（それが合理的な場合には）条件付き二項型のパラメータ化を用いることもできる．たとえば，時点tにおける単位の状態がカテゴリmであることを条件に時点$t+1$で単位に種が存在する確率を$\psi_{t+1}^{[m]}$，同じく時点tにおける単位の状態がカテゴリmであることを条件に時点$t+1$で単位に種が存在して繁殖が生じる確率を$R_{t+1}^{[m]}$と定義すると，推移確率行列は以下のようになる．

$$\phi_t = \begin{bmatrix} 1 - \psi_{t+1}^{[0]} & \psi_{t+1}^{[0]}(1 - R_{t+1}^{[0]}) & \psi_{t+1}^{[0]}R_{t+1}^{[0]} \\ 1 - \psi_{t+1}^{[1]} & \psi_{t+1}^{[1]}(1 - R_{t+1}^{[1]}) & \psi_{t+1}^{[1]}R_{t+1}^{[1]} \\ 1 - \psi_{t+1}^{[2]} & \psi_{t+1}^{[2]}(1 - R_{t+1}^{[2]}) & \psi_{t+1}^{[2]}R_{t+1}^{[2]} \end{bmatrix}$$

このパラメータ化は実質的に，単位がどのカテゴリになるかが，1回のサイコロ投げの代わりに，一連のコイン投げによって決まるとみなすようなものである．

こうしたモデル化アプローチでは，生物学的に興味深い問題も扱えることを注意しておきたい．たとえば，ある単位で繁殖が生じる確率は，その単位で過去に繁殖があったかどうかに依存するだろうか？ 依存する場合には$R_{t+1}^{[1]} \neq R_{t+1}^{[2]}$となる可能性があるが，依存しない場合には$R_{t+1}^{[1]} = R_{t+1}^{[2]}$となるだろう．このような問いは，潜在的な繁殖の費用やソース・シンク動態の特定につながる可能性がある．

9.5 共変量の導入

1期間モデルと多期間モデルに含まれる確率はいずれも，共変量や予測変数の関数としてモデル化できる．実際，どのような景観特性が種の分布に重要であるかを探る上で，こうした関係性が主な関心となることは多い．ただし，共変量は正負どちらの値も取る可能性がある一方で，確率は0〜1の尺度でなけ

ればならない．そのため，確率と共変量が同じ尺度となることを保証するための変換，すなわち**リンク関数**（link function）を用いる必要がある．リンク関数には，プロビット（probit）リンク，重複対数（log-log）リンク，相補重複対数（complementary log-log）リンクなどがあるが，ここでは，ロジスティック回帰の基本であり，二値データの解析によく用いられるロジット（logit）リンクを取り上げる．ロジットリンク関数は次のように定義される．

$$\mathrm{logit}\,(\theta_i) = \ln \left(\frac{\theta_i}{1 - \theta_i} \right) = \beta_0 + \beta_1 x_{1,i} + \beta_2 x_{2,i} + \cdots + \beta_r x_{r,i}$$

ここで，θ_i は単位 i の関心のある確率，$x_{1,i}$ から $x_{r,i}$ は単位 i で測定された関心のある共変量の値，β_0 から β_r は推定される回帰係数である．なお，比 $\theta_i/(1 - \theta_i)$ は事象発生のオッズであることから，ロジットリンクは対数オッズリンクとも呼ばれる．多項型のパラメータ化で用いられる確率に対しては，多項ロジットリンクを利用すべきである．

　ロジットリンクは一般化線形モデル（generalized linear model, GLM）の一形式であることに注意してほしい．そのため解析者は，確率と共変量の関係の関数型（一次式，二次式など）を指定する必要がある．これは，占有モデルにおいて，共変量との関係をより柔軟な曲線で当てはめる一般化加法モデル（generalized additive model, GAM）などの代替手法を利用できないということではない．

　占有モデルで考えられる共変量は大きく分けて2種類ある．第一に，植生の種類，水域からの距離，標高などの単位固有の共変量である．これは共変量として，前述の確率（占有率に関連するものと検出過程に関連するものの両方）のいずれに対しても利用できるものである．これらの共変量は基本的に各単位の特性であり，特定の期間の中では一定だと仮定されるが，期間ごとに変化しても構わない．第二に，単位固有の共変量に加えて，調査ごとに固有の値をとる共変量（調査時期，風の状態，気温など）を検出確率に対して用いることができる．

　最後に，連続共変量とカテゴリ共変量の両方が共変量として利用されうることに注意しよう．連続共変量は正負両方の任意の値を取る可能性がある．カテゴリ共変量は複数の特定の値を取るだけであり，多くの場合，一連の指示変数，

またはダミー変数に変換する必要がある．ただし，カテゴリに順位があり，意味のある数値が割当てられている場合には，共変量は順序カテゴリ共変量とみなされ，実質的に連続共変量として扱われる．

例9.2 北米東部におけるメキシコマシコの広がり

多期間モデルと共変量の組み込みが有用であることを説明するために，北米繁殖鳥調査（Breeding Bird Survey, BBS）のメキシコマシコ（*Carpodacus mexicanus*）のデータセットを利用しよう．このデータセットは過去に MacKenzie et al.（2006）によって取り上げられており，同書の 7.3 節に詳細が記述されている[4]．

メキシコマシコは北米西部が原産であり，中西部と東部にはもともと分布しない．1942 年にニューヨーク州ロングアイランドで小さな個体群が放たれた後，生息域を西に広げている．BBS では繁殖の最盛期に周辺道路沿いでの調査を行っており，観測者は約 39.2 km の経路上に等間隔で配置された 50 ヶ所の調査地点を訪問する．各地点では 3 分間の定点計数が行われ，半径 400 m 以内で検出された種が記録される．ここでは，BBS の経路を標本抽出単位，50 ヶ所の調査地点を反復調査として，経路上のメキシコマシコの生息が検出されたと考えよう．

1976 年から 2001 年までの 5 年ごとの BBS データを，非独立な変化を仮定して北米東部におけるメキシコマシコの分布拡大をモデル化した 2 カテゴリ（在・不在）の多期間モデルを用いて解析した．このモデルのパラメータは，1976 年の占有確率，期間 t と $t+1$ の間の局所移入率，期間 t と $t+1$ の間の局所絶滅率，期間 t にメキシコマシコが経路に存在した場合に調査で検出される確率である（MacKenzie et al., 2003, 2006）．データは，対象の 6 年のうち，少なくとも 1 年は調査が行われている 694 の BBS 経路を抽出したものである．ロングアイランドから 100 km ごとの距離帯を定義し（たとえば 0〜99 km，100〜199 km など），モデル内の全てのパラメータの潜在的な共変量として扱った[5]．また MacKenzie et al.（2006）では，前の調査年に経路上の 10 ヶ所以上の調査地点でメキシコマシコが検出された場合には検出確率が変わりうるように共変量が定義されている．こうした共変量は，メキシコマシコの（種レベルでの）検出率に対する局所個体数量の影響を説明できるよう考慮されたものである．

---

4)【訳注】この本の第 2 版（MacKenzie et al., 2017）では当該の内容が 8.3 節に移っている．
5)【訳注】以下の解析では，この変数が連続共変量として扱われている．次の訳注も参照のこと．

　　MacKenzie et al.（2006）はデータに対していくつかの異なるモデルを検討
しているが，ここでは簡単のため1つのモデルの結果のみを取り上げる．1976
年にメキシコマシコが経路 i に存在する初期確率 $\psi_{76,i}$ は次のようにモデル化さ
れた．

$$\mathrm{logit}\,(\psi_{76,i}) = a_1 + a_2 D_i$$

ここで D_i は経路 i の距離帯であり，1,000〜1,099 km の距離帯が $D_i = 1$ とな
るように基準化されている（つまり実質的に，ロングアイランドの放鳥地点から
1,000 km を基準に距離を表している）[6]．期間 t と $t+1$ の間にメキシコマシコ
が経路 i に移入する確率（$\gamma_{t,i}$）は，各期間で異なる距離の効果（すなわち，期間
と距離の効果の交互作用）を考慮して次のようにモデル化された．

$$\mathrm{logit}\,(\gamma_{t,i}) = b_{t,1} + b_{t,2} D_i$$

期間 t と $t+1$ の間に経路 i からメキシコマシコが局所絶滅する確率（$\epsilon_{t,i}$）は距
離のみの関数としてモデル化され，期間の効果を含まない．すなわち，絶滅確率
に年間変動はない．

$$\mathrm{logit}\,(\epsilon_{t,i}) = c_1 + c_2 D_i$$

検出確率に対する距離の効果も（移入率と同様に）期間ごとに異なるとし，さら
には全期間で一貫した局所個体数量の効果を考慮した．つまり，（経路 i にメキ
シコマシコが存在する場合に）期間 t に経路 i の調査地点でメキシコマシコを検
出する確率は次のようにモデル化された．

$$\mathrm{logit}\,(p_{t,i}) = d_{t,1} + d_{t,2} D_i + d_3 LA_{t,i}$$

ここで $LA_{t,i}$ は，t より前の期間にメキシコマシコが10以上の調査地点で検出さ
れた場合に1，そうでない場合に0の値を取る．
　　データ解析の結果，得られたパラメータ推定値を表9.1に示す．1976年にメ
キシコマシコが経路上に存在する確率はロングアイランドからの距離に応じて
減少しており（$\hat{a}_2 < 0$），移入確率も距離に伴い減少していたが，その効果の大
きさは（概して）時間の経過とともに減少していた（すなわち，$\hat{b}_{t,2}$ は負だが，
時間を追うごとにゼロに近づいていた）．絶滅確率は距離とともに増加しており

6）【訳注】D_i は，経路 i が 1,000〜1,099 km の距離帯で 1.0，1,100〜1,199 km の距離帯で 1.1，
1,200〜1,299 km の距離帯で 1.2 というふうに，1,000 km を基準として 100 km ごとに異なる
値を取る変数として定義されている．詳細は，同様の解析が行われている前述の第2版（Mac-
Kenzie et al., 2017）8.3節を参照されたい．

($\hat{c}_2 > 0$)，検出に対する距離の効果は移入確率と同様の時間的パターンを示していた．またメキシコマシコは，過去に10以上の調査地点で検出されている場合にはより検出されやすくなっていた（$\hat{d}_3 > 0$）．占有に関連する生物学的確率の推定値の図を図9.1から図9.3に示す．推定された確率は，各期間における存在確率（図9.4）や，（北米東部におけるメキシコマシコの拡大についての異なる表現である）距離の関数として見た時の占有率の変化率（図9.5）など，他の量の計算に利用できることに注意してほしい（MacKenzie et al., 2006）．

東部個体群の初期発生源であるロングアイランドからの距離を全てのパラメータの共変量として，その関係性が時間とともに変化すると仮定することは，拡散モデルを近似的に表現するための試みとして MacKenzie et al.（2006）が用いた方法である．しかし，他のアプローチを考えることも可能であり，それによってより機構的なモデルが得られることもあるかもしれない（たとえば，移入率をメキシコマシコが存在する近傍経路の数の関数としてモデル化するなど）．

この例では距離を共変量としてメキシコマシコの分布範囲の変化をモデル化したが，他の共変量を代わりに用いたり，追加したりすることもできる点に注意してほしい．緯度と標高は，気候変動による種分布の変化に関する問いと特に関連した共変量かもしれない．

表9.1 北米東部における1976年から2001年の5年間隔でのメキシコマシコの拡大を説明するモデルのパラメータ推定値と標準誤差（SE）.

	パラメータ	推定値	SE		パラメータ	推定値	SE
占有率	$\hat{a}_1$	-0.83	0.41	絶滅率	$\hat{c}_1$	-3.39	0.26
	$\hat{a}_2$	-1.22	0.48		$\hat{c}_2$	1.17	0.25
移入率	$\hat{b}_{1,1}$	1.43	0.59	検出率	$\hat{d}_{1,1}$	-2.35	0.20
	$\hat{b}_{1,2}$	-8.17	3.13		$\hat{d}_{1,2}$	-10.19	2.00
	$\hat{b}_{2,1}$	2.33	0.47		$\hat{d}_{2,1}$	-1.80	0.09
	$\hat{b}_{2,2}$	-4.23	0.79		$\hat{d}_{2,2}$	-3.28	0.43
	$\hat{b}_{3,1}$	2.30	0.50		$\hat{d}_{3,1}$	-1.47	0.07
	$\hat{b}_{3,2}$	-2.11	0.36		$\hat{d}_{3,2}$	-2.18	0.24
	$\hat{b}_{4,1}$	0.67	0.48		$\hat{b}_{4,1}$	-1.43	0.04
	$\hat{b}_{4,2}$	-0.63	0.30		$\hat{d}_{4,2}$	-0.84	0.06
	$\hat{b}_{5,1}$	0.54	0.53		$\hat{d}_{5,1}$	-1.91	0.04
	$\hat{b}_{5,2}$	-0.74	0.34		$\hat{d}_{5,2}$	-0.35	0.04
					$\hat{d}_{6,1}$	-2.09	0.05
					$\hat{d}_{6,2}$	-0.43	0.05
					$\hat{d}_3$	0.94	0.03

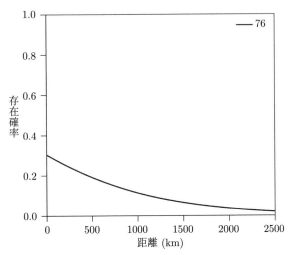

図 9.1　ロングアイランドからの距離の関数として推定された，1976 年の繁殖鳥調査経路におけるメキシコマシコの存在確率.

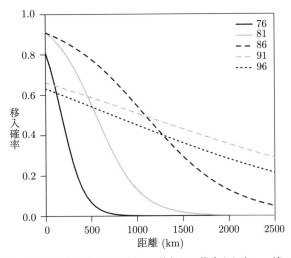

図 9.2　ロングアイランドからの距離の関数として推定された，一連の 5 年の期間に繁殖鳥調査経路でメキシコマシコが移入する確率.　移入確率には初期の時点を基準に名前が付けられている.　具体的には,「76」は 1976 年から 1981 年の間に生じる移入の確率を意味する.

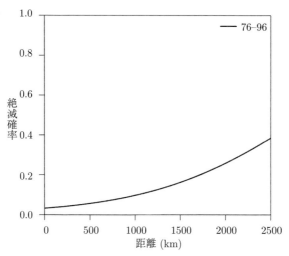

図 9.3 ロングアイランドからの距離の関数として推定された，一連の 5 年の期間に繁殖鳥調査経路でメキシコマシコが局所的に絶滅する確率．

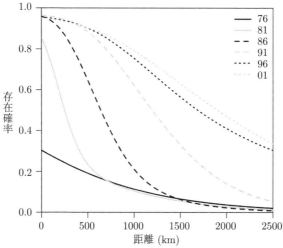

図 9.4 ロングアイランドからの距離の関数として推定された，繁殖鳥調査経路における 1976 年から 2001 年にかけてのメキシコマシコの存在確率．推定値は 1976 年の占有率および移入確率と絶滅確率から導出した．

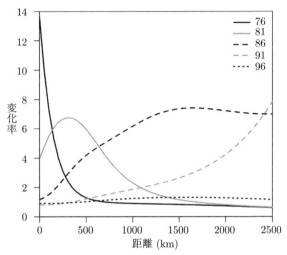

図9.5　ロングアイランドからの距離の関数として推定された，繁殖鳥調査経路上でのメキシコマシコの存在確率の変化率．頂点は最も大きな変化が見られた距離を表す．変化率は初期の時点を基準に名前が付けられている．具体的には，「76」は1976年から1981年の間の変化率を表す．

9.6　研究デザイン

　頑健な結論を得るためには質の高いデータが必要である．他のあらゆる分野と同様に，このことは占有モデルにも当てはまる．MacKenzie and Royle（2005）とMacKenzie et al.（2006）では，2カテゴリのモデルについて，標本抽出単位の定義，期間とみなすべき対象，期間ごとに必要な反復調査の回数など，研究デザインの問題に関する助言を与えている．ここではその主な要点を紹介し，これら様々な問題に関する最新の考え方を示す．初めは完全に理解

できないかもしれないが，占有モデルの研究デザインの主な特徴は，（植物か動物かを問わず）対象種の個体を標本抽出するのではないという点である．標本抽出の対象は陸上の（または，海や川の）景観である．景観中の標本抽出単位の占有カテゴリは，標高や緯度，植生型と同様に，まさにその単位の特性である．ある単位において対象種の個体を見つけることは占有カテゴリを決定するための１つの方法に過ぎず，検出個体数の最大化は必ずしも野外調査の主な目的ではない．

9.6.1 対象領域の定義

結果を適用することを意図した対象領域を明確に定義することは非常に重要である．それにより，選択して調査を行う標本抽出単位（これらも定義しなくてはならないが）の統計的な母集団が定義されるからである．対象領域の拡大や縮小は，結果の解釈に問題を生じたり，変更した領域について紛らわしい結論を導く可能性がある．とくに肝心なのは，結論は常に，標本抽出が行われた統計的母集団に固有のものである，ということである．母集団を変えれば結果は変わる可能性がある．

対象領域を定義する際には，非生息地とみなされる（すなわち，種が存在する可能性のない）領域がないかどうかを考慮すべきである．これらの領域に関心がなければ，それを除外して，標本抽出の努力を省けばよい．しかし，長期研究やモニタリングプログラムにおいて，これらの領域が将来的に生息地になったり占有される可能性があったりする場合は，将来の変化を特定できるよう，これらの領域にも最初から一定の標本抽出の労力を割くべきである．実際には種の調査を最初から行う必要はないかもしれないが，こうした場所も全体の標本抽出枠の一部に含めるべきである．同様に，種の分布範囲の時間変化を特定することが目的であれば，現在の分布範囲の外側の領域に種が到達したことを特定できるよう，これらの領域を標本抽出枠に含めるべきである．現在の種の分布範囲の外側の領域は不在によって特定されることから，不在には情報がないと考えるべきではない．

9.6.2　標本抽出単位の定義

　前述のように，標本抽出単位は占有カテゴリを特定する対象である．このスケールでは，たとえば，単に種が存在するかどうかを調べることが目的となるかもしれない．文脈によって，単位は自然に定義される場合（池や森林のパッチなど）と任意に定義される場合（格子セルなど）があり，単位を全て集めたものが対象の母集団を定義する．

　どのような定義が適切であるかは，研究の対象と主目的によって異なる．池などの自然で離散的な単位に関心がある場合は，標本抽出単位の選択は比較的容易なことが多い．しかし，その単位自体が時間の経過とともに変化しないかどうかは考慮すべきである．たとえば，湿地帯や春季に生じる池からなる生息地では，ある年には1つの池に見えたものが翌年には複数の池に分かれたり，その逆が起こったりするだろう．このように，（統計的な意味での）対象の母集団そのものが毎年変化すると，占有率のあらゆる変化は解釈が難しくなってしまう．こうした状況では，たとえば，その単位に毎年水があるかどうかを最初に検討するなどして，任意に定義した標本抽出単位を用いるほうがより適切かもしれない．

　自然な定義がない場合は，占有状態を適用できると考えられる空間範囲を慎重に検討する必要がある．標本抽出単位の空間範囲は暗黙的に仮定されることが多いが，データ収集の前にこうした問題を検討することで仮定はより明示的なものとなり，標本抽出の枠組みを正式に決定できるようになる．たとえば，ある地点で種が検出された場合に，地図上の1点で表されるその場所にのみ種が存在すると解釈されることはありそうにない．この検出は，ある程度広い範囲に種が存在することを示すと考えるのが普通である．標本抽出単位は，検出によって種の存在が示唆されると思しき領域として定義されるものだろう．

　占有率を個体数量の指標として解釈する研究においては特に，標本抽出単位を定義する手段として，対象種の個体の行動圏（または，なわばり）の大きさを考慮する方法も提案されている．これは，個体が比較的明確に定義される自然の構造（たとえば流域や生息地パッチ）を占有する傾向がある場合には合理的な方法かもしれないが，連続した景観の中で任意の大きさの標本抽出単位

（たとえば格子セル）が用いられる場合にはそれほど有用ではないかもしれない．たとえば，格子セルがおおよそ個体の行動圏の大きさで定義されているからといって，地図上に配置された格子線を種が知るはずもないので，行動圏が1つの格子セルの中に完全に収まるとは考えにくい．また，1個体が複数のセルを占有することもあるだろう．したがってこうした状況では，占有率を指標として個体数量を推測すると誤った結論につながる恐れがある．実際のところ，占有率が個体数量に十分近い指標であると解釈できるよう適切に研究をデザインできる場合は，一般にそれほど多くない．

　同じ地域の同じ種を対象とした研究であっても，研究の目的によって適した標本抽出単位の定義は異なることを覚えておく必要がある．あらゆる状況で適用できる厳密な規則は存在しない．

9.6.3 標本抽出期間の定義

　標本抽出単位の定義と同様に，標本抽出期間（sampling season）も暗黙的に定義されることが多く，これに関する仮定を明示することで研究をより厳密にすることができる．標本抽出期間は，母集団内の各標本抽出単位の占有状態に変化がないか，あるいは少なくとも無作為でない変化を示さないと仮定される期間であることを思い出してほしい．期間内の各調査で真の占有状態を観測できる（つまり，単位は占有状態の変化について閉じている）ようにするためには，この仮定が必要である．1回の種の調査結果を基に実際の調査時間より長い期間を推測する場合には，必ず同様の仮定が置かれている．たとえば，5分間の定点計数で種が検出された時に，それを種が今後2週間その場所に存在する証拠であるとみなす場合には，今後2週間はその場所の占有状態が変わらないことを暗に仮定する（すなわち，2週間の標本抽出期間を設定する）ことになる．

　標本抽出期間は，気候や繁殖によって決まる自然の季節と対応していなくても構わない（対応する場合もありうる）．標本抽出期間は，単位の占有状態が母集団のある全体像を表す期間である．そのため，標本抽出期間は主に，研究やモニタリングプログラムの目的によって決められるべきである．

9.6.4　反復調査

　反復調査によって，単位の占有状態と不完全な検出を（確率的に）分離する
ために必要な情報が得られる．1回の調査で両者を分離することは数学的に可
能ではあるものの（たとえば Lele et al., 2012 を参照），占有確率と検出確率は
連続共変量の関数であるなどの，いくつかの制約的な仮定が必要となる．しか
し，その結果得られる推定値は一意に識別されない．占有率と検出率の共変量
を交換した場合，占有率と検出率の推測が入れ替わっているにもかかわらず，
全く同じ回帰係数の推定値が得られるのである．つまり，結果はモデルに大き
く依存する．

　反復調査の真価は，占有確率と検出確率の分離を可能にすることではなく，
標本抽出の期間内に真の占有状態が少なくとも一度は観測される確率が高ま
ることにある．つまり，調査を繰り返すことで，定義された期間内に真の占有
状態を観測できる可能性を高められる．そのため，結果はより頑健で，モデル
に依存しなくなるのである．MacKenzie and Royle（2005）は，占有状態が2
つ（たとえば種の在・不在）の場合において，反復調査の数が不十分な時には
より多くのサイトを標本抽出しても非効率であることを示している（次の節を
参照）．

　反復調査は，必ずしも各サイトで明確な再訪問を必要とするものではない．
反復調査に相当する情報を得るための様々な方法については MacKenzie et al.
（2006）で詳しく述べられているが，MacKenzie and Royle（2005），Kendall
and White（2009），Guillera-Arroita et al.（2010）も参照されたい．選択肢
として，（1）複数の観測者を採用する，（2）1人の観測者が1回の訪問で複数回
の調査を行う，（3）空間的な反復を取る（たとえば，大きな標本抽出単位の中
に複数の小さな区画を設定する）などの方法がありうる．調査とは本質的に，
種の検出が可能な1つの機会を指す．ただし，反復調査の実施方法と実質的な
標本抽出期間の長さの間にはトレードオフがある．たとえば，標本抽出期間が
名目上2週間である場合に，あるサイトの全ての調査が1日で行われると，標
本抽出期間も実質的には1日となり，占有率の解釈に重大な影響を及ぼす可能
性がある．反復調査を行う際には，それがモデル化の主な仮定にどのような影

響を与えうるかについてよく検討する必要がある.

9.6.5 努力量の割当

反復調査が必要であるということは,調査すべき標本抽出単位の数と単位当たりの反復調査の数との間で要求が競合するということである(努力量の総量が決まっており,それが限られている場合は特にそうである)[7]. 先に述べたように,占有カテゴリが複数ある場合の努力量の割当についてはこれまでほとんど検討されていないが,2カテゴリの場合には最適な反復調査数が存在することがMacKenzie and Royle(2005),MacKenzie et al.(2006),Guillera-Arroita et al.(2010)によって示されている. 最適性をどのように定義するかによって最適な数は異なるものの(Guillera-Arroita et al. 2010),所与の努力量の水準で推定占有確率の標準誤差を最小化する,または目標の標準誤差を得るために努力量を最小化するという観点から検討した結果,MacKenzie and Royle(2005)では,最適な数の反復調査を設定すると反復調査の中で少なくとも1度は種を検出する確率が0.85~0.95の範囲となる傾向を見出している. つまり,最適な推定値が得られるのは,各単位で十分な調査努力を確保することで種の在・不在をほぼ確認できた場合であり,こうした状況では検出を考慮した解析と考慮しない解析の間で同様の結果が得られる可能性が高い. この点からも,反復調査の真の利点は,標本抽出の過程(検出)と生物学的な過程(占有)を分離できることではなく,偽の不在を含む可能性の少ない,より質の高いデータセットが得られることであると考えられる.

MacKenzie and Royle(2005)では,最適な調査回数は調査当たりの検出確率と占有確率に依存することが明らかにされている(表9.2). ここで示唆された反復調査の数は,総努力量の水準が同じなら,反復調査を減らす(したがって,調査する単位を増やす),または反復調査を増やす(したがって,調査する単位を減らす)と,占有率の推定値の精度が低くなるという意味で最適である(例を表9.3に示す).

---

7)【訳注】つまり,一定の予算や労力の下では,調査する単位の数を増やせば,各単位での反復調査の回数を減らさざるを得ず,逆もまた然りということである.

表 9.2 様々な水準の検出率 p と占有率 ψ における，標本抽出単位当たりの反復調査数の最適値.

| | ψ | | | | | | | | |
p	0.1	0.2	0.3	0.4	0.5	0.6	0.7	0.8	0.9
0.1	14	15	16	17	18	20	23	26	34
0.2	7	7	8	8	9	10	11	13	16
0.3	5	5	5	5	6	6	7	8	10
0.4	3	4	4	4	4	5	5	6	7
0.5	3	3	3	3	3	3	4	4	5
0.6	2	2	2	2	3	3	3	3	4
0.7	2	2	2	2	2	2	2	3	3
0.8	2	2	2	2	2	2	2	2	2
0.9	2	2	2	2	2	2	2	2	2

出典　MacKenzie, D.I. and Royle, J.A. (2005). *Journal of Applied Ecology* 42: 1105–1114.

表 9.3 様々な調査総数と単位当たり調査回数における，推定占有率の標準誤差の期待値（$\psi = 0.4$, $p = 0.3$ の場合）.

| | 単位当たり調査数 | | | | | | | |
調査総数	2	3	4	5	6	7	8	9
100	0.22	0.16	0.14	0.14	0.14	0.14	0.15	0.15
200	0.16	0.12	0.10	0.10	0.10	0.10	0.10	0.11
500	0.10	0.07	0.06	0.06	0.06	0.06	0.07	0.07
800	0.08	0.06	0.05	0.05	0.05	0.05	0.05	0.05
1100	0.07	0.05	0.04	0.04	0.04	0.04	0.04	0.05
1400	0.06	0.04	0.04	0.04	0.04	0.04	0.04	0.04
1700	0.05	0.04	0.04	0.03	0.03	0.04	0.04	0.04
2000	0.05	0.04	0.03	0.03	0.03	0.03	0.03	0.03

注　単位当たりの調査回数が増加すると単位の数は減少する.

　多期間の研究では，各期間に実施すべき反復調査の最適な数を考えることもできる．最適な数の調査を行えば，所与の努力量の水準に対して最も精度の良い移入確率と絶滅確率の推定値が得られるだろう．よく考えると，特定の期間における偽の不在の可能性を比較的低い水準に抑えることで，種が本当に標本抽出単位に移入したのか，または局所的に絶滅したのかについての不確実性が減少するのだから，これは妥当なことである.

9.7　考察

　これまで説明してきた一連の方法は，種の在・不在や占有のカテゴリによって関心のある問いを表現できるなら，どのような状況でも適用できる可能性がある．これらは明らかに唯一の選択肢ではないものの，特に標本抽出単位における真の占有カテゴリが（たとえば偽の不在に）誤分類される可能性がある場合などには，確実に便利な方法の1つである．ほとんどの野外研究で普通に見られる不完全な検出を考慮できることは，これを考慮しない方法に比べて明らかに優れた点である．不完全な検出を考慮しないと，推定値に偏りが生じて，誤った結論につながる恐れがあるからである．

　これらの手法は，データ解析だけでなく，将来の種分布の変化を予測するための基礎としても利用できる．状態の推移確率に関するパラメータ値が推定されれば，推移確率行列を繰り返し適用することで，現在の状況から5年先，10年先，20年先，あるいは50年先を推定できる．また，推定された値を一定量変化させた仮想的なシナリオを考えることで，将来の予測が推定されたパラメータにどの程度敏感であるかを確認できる．

　本章で説明した手法を適用するためのソフトウェアには様々な選択肢がある．WindowsベースのフリーウェアであるPRESENCEプログラムは，これらの類の手法を実行するために設計されている．MARKプログラムはWindowsベースの別のフリーウェアであり，PRESENCEに含まれるモデルの一部を扱える．どちらのプログラムも，エミュレータを用いてMacやLinuxシステムでも実行できる．また，PRESENCEに含まれる手法の一部を（さらには，PRESENCEには含まれないいくつかのモデルも追加で）扱えるRパッケージunmarkedも利用可能である．最後に，ベイズ法の枠組みでこれらの手法を適用できる汎用統計ソフトウェアとして，OpenBUGSとJAGSがある．

　これらの手法は2000年代初頭より急速に発展してきたが，貴重な研究資源を効率的に活用できるようにするためには，依然として現実的な野外環境における手法の性能についての研究が多く必要である．手法の利点と限界が明らかになるにつれ，手法の改良はさらに進むはずである．

環境モニタリングに対する 標本抽出デザイン

Trent McDonald

10.1　はじめに

　環境モニタリングに関する統計的な部分は，空間デザイン，時間デザイン，サイトデザインの3要素から構成される．空間デザインは調査領域のどこに標本サイトを設置するかを，時間デザインは標本サイトをいつ訪問するかを，サイトデザインは特定のサイトで何をどのように測定するかを，それぞれ決定する．これらのデザインの要素は完全に独立しているわけではない．たとえば，サイトデザインの方法が標本サイズと母集団の定義に大きく影響し，空間デザインと時間デザインにも影響が及ぶ場合がある．しかし，サイトデザインで野外測定のアンカーとなる定点だけを決定し，空間デザインでは野外測定の詳細を考えずにこれらの定点を選択する場合もある．同様に，時間デザインでは，定点の位置や野外測定の詳細を考えずに定点を再訪するタイミングを決定する場合がある．したがって，時間デザインやサイトデザインの詳細に関する知識なしに汎用的な空間デザインを研究することは有用であり，また比較的容易である．これが本章のアプローチである．

　環境モニタリング研究の空間要素のデザインにおける最も重要な目的は，調査の目的を満たす解析が可能な地理的位置の標本を選択することである．多く

の場合，調査領域の全体に対して妥当な科学的推測を行うことも目的に含まれる．言い換えれば，最終的な解析結果（点推定値や信頼区間，分布の記述など）は正確で，対象の母集団に適用できるものであるべきである．

本章では，こうした推測の目的に適う空間デザインの主な特徴を検討する．生態系モニタリングに特に適しており，適切に実施された場合には定義された調査領域の全体を推測できるような，汎用的な標本抽出のアルゴリズムをいくつか紹介する．ここで取り上げるデザインは全てを網羅するものではないものの，現実の大規模長期モニタリング研究に加えて小規模または短期の研究にも適しており，また有用である．階層的に設定された水準の2つ以上でこれらを組み合わせて実施すれば，非常に柔軟性の高いデザインが可能となる．

本章の構成は以下の通りである．まず，デザインの特徴について一般的に考察し，背景と文脈を示す．特に，科学的な調査デザインと非科学的な調査デザインの違いと，研究とモニタリングの違いについて説明する．両者の区別は，それぞれの目的に適した空間標本抽出デザインの違いにつながる．続いて，それぞれの種類に適した空間標本抽出アルゴリズムを節を分けて説明し，最後にいくつかの注釈と要約を述べる．

空間デザインは地理空間を対象とするため，関連する用語は古典的な有限母集団標本抽出のそれとは若干異なっている．古典的な有限母集団の用語の一部との対応関係を表 10.1 に示す．

10.2 デザインの特徴

本節では，実務者にとって重要なデザインの特徴のいくつかについて，短く，形式的でない考察を行う．科学的調査の定義，非科学的調査のいくつかの例，研究とモニタリングの違いについて説明する．

10.2.1 科学的デザイン

科学的デザイン（scientific design）の定義は実質的に確率標本（probability sample）の利用と関連しており，そのため包含確率（inclusion probability）の定義に依存する．つまり，まず包含確率（具体的には 1 次包含確率）が定義

表10.1 古典的な有限母集団標本抽出の用語とそれに対応する空間デザインの用語.

古典的な有限母集団の用語		空間デザインの用語	
用語	定義	用語	定義
標本単位	データ収集の対象となる最小の実体	標本サイト	地理的な位置と関連した標本単位の特殊な例. 点やポリゴンなどの場合がある.
母集団	推測の対象となる標本単位の集まり	調査領域	推測の対象となる標本サイトの集まり. 一般にはポリゴンあるいはポリゴンの集まりである.
標本	母集団に含まれる標本単位の部分集合	空間標本	調査領域内の標本サイトの部分集合. 一般には調査領域内の点またはポリゴンの集まりである. ポリゴンの場合, それらの面積の合計は必ず調査領域の総面積以下となる.

され, 続いて確率標本と科学的デザインの実質的な定義が定められることになる.

1次包含確率 (first-order inclusion probability, または単に包含確率) とは単純に, 特定のサイトが標本に含まれる確率のことである. 技術的には, 包含確率は厳密に0以上かつ1以下である. 包含確率は, サイト間で一定の場合と, サイトごとに異なる場合がある. 包含確率が異なる場合には, 包含確率が層の構成や地理的な位置に依存するか, サイトに関連する外部連続値変数 (標高, 年間降水量, 海岸からの距離など) に比例することが多い.

この定義を具体的に説明するために, 次のような例を考えよう. 100個のコドラート (矩形) に分割された調査領域があり, 研究者はこの100個のコドラートから3個を単純無作為標本抽出したいとする. この時, 生じうる標本は全部で

$$\binom{100}{3} = \frac{100 \times 99 \times 98}{3 \times 2 \times 1} = 161,700$$

だけ存在し, どの特定のコドラートも, そのうち

$$\binom{99}{2} = \frac{99 \times 98}{2 \times 1} = 4,851$$

の標本に含まれる. したがってコドラートの包含確率は, 当然, $4,851/161,700 = 0.03$ となる. 単純無作為標本抽出を行う代わりに, 研究者が場所順に並べたコドラートの一覧を用意して, コドラートごとにコイン投げを行い, 表となった最初の3つを標本とする場合には, 特定のコドラートの包含確率は一覧の中での位置と幾何分布に依存する.

確率標本の実質的な定義は,「全てのサイトの1次包含確率が正確に求められるように選択された標本」である. 1次包含確率を直接は求められないが, 標本に含まれるサイトについては全て計算できるような標本も許される. 実際には, 標本に選ばれていないサイトの包含確率を知る必要はないが, 確率標本の定義を満たすためにはこれらは知りうるものでなくてはならない. 包含確率が求まるようにするためには, 標本選択のアルゴリズムが反復可能であり, 何らかの確率的要素を含んでいなければならない.

科学的デザインは, 確率標本を得ることができる標本抽出のアルゴリズムと定義できる. この見方では, 確率標本と科学的デザインは同義である. 以下では**科学的デザイン**という言葉を用いるが, それはこの言葉が一般的に使われており, より自然に意思疎通できる場合が多いからである.

非科学的デザイン (nonscientific design) とは一般に, 確率的な標本抽出の要素を含まないデザインを指す. この定義の下では, 非科学的デザインの全体は非常に大きく, 多様である. 一般に非科学的デザインは, 反復可能でないか, 確率的要素を含まない.

非科学的デザインの危険性は広く知られている (McDonald, 2003; Olsen et al., 1999; Edwards, 1998). しかし, 非科学的デザインは今でも普通に用いられており, 明らかに好まれている. その理由は主に, 科学的デザインよりも簡単に, 早く, 安い費用で実施できるからである. 非科学的デザインが一般的であることを示すために, 以下では3つの種類を説明する.

10.2.2 判断標本

判断標本 (judgment sample) とは, (大抵の場合は) 対象に精通した研究

者が，標本サイトを設置する最適な場所に関する判断や決定を行うものである．その正当化として，標本サイトは代表的な場所（大きな変化が予想される場所，重要な生息地，影響のある場所，興味深いことが起こる場所など）に配置したと説明されることがある．その際に研究者は，研究のパラメータ間の関係について，真偽が不明な判断や仮定をしていることになる．研究の目的が極めて限られる場合や予備研究の場合など，一部の状況では判断標本が許されることもある．しかし，こうした場合であっても，サイト選定の際の仮定や判断を認識し，検証する必要がある．判断標本で真に厄介なのは，研究者の仮定が誤っていたり，部分的にしか正しくなかったりすることであり，研究結果の偏りにつながる恐れがある．

10.2.3　無計画標本

無計画標本（haphazard sample）とは，定義された，または定量化できる標本抽出計画を伴わずに集められた標本のことである．無計画標本抽出では通常，標本サイトの配置を事前に計画しない．無計画標本は，野外調査員がどこかで他の業務を行った後の余った時間で取得されることも多い．多くの場合，野外における標本サイトの配置は野外調査員によって決定され，調査員がその危険性を認識していないと，調査員がたまたまいた場所に標本サイトを配置してしまうことも少なくない．このような無計画な空間標本を用いて意味のある汎用的な解析を行うことは難しい．無計画標本のサイトから興味深い観測結果が得られる場合もあるかもしれないが，これを科学的なモニタリング計画の一部だとみなすべきではない．

10.2.4　便宜標本

非科学的デザインの中でも特によく用いられているのが便宜標本（convenience sample）である．便宜標本とは，容易かつ安価にアクセスできる場所を対象とした標本である．便宜標本は一般に，研究施設や道路，その他の接近手段（山道など）から近い場所で取得される．予算は常に限られているので，便宜標本は費用を削減できる方法として魅力があり，好まれている．ただし，便宜標本には偏りが生じる恐れがある．便利な場所，またはアクセスしやすい

場所は，母集団の全体を代表している場合もあれば，そうでない場合もある．アクセスが容易なサイトは，そうであるがゆえに，より遠隔地にあるサイトとは異なったものであることも多い．また，便利な場所にあるサイトが遠隔地のサイトと類似することを証明するためには，少なくともいくつかのサイトを遠隔地に配置する必要があり，その時点で，両方の領域から（おそらく層別の）確率標本を選択するほうがより容易で妥当な方法となるだろう．

　アクセスしやすい領域からの確率標本として便宜標本が取得される場合もあるが，実際に標本抽出された領域に対応するように調査領域が再定義されない限り，依然それは便宜標本のままである．言い換えれば，より広い調査領域に関する推測が必要でない場合は，アクセスしやすい領域から確率標本を取得する方法は完全に妥当である．たとえば，推定値を調査領域内の道路近傍の領域（**近傍**についての定義が必要である）に適用することが明らかな場合には，道路付近で確率標本を取得することに全く問題はない．しかし，道路付近からの確率標本を用いて得た推定値を道路から遠く離れた領域にも適用できると説明するのは誤りである．

10.3　モニタリングと研究

　科学的デザインと非科学的デザインの違いに加えて，モニタリング（monitoring study）と研究（research study）の間にも違いがあり[1]，これは両者の空間標本抽出のデザインに影響を与えている．本章で後述するデザインは一般に，研究とモニタリングのどちらにも適したものである．本節では両者について定義する．

　研究の主な特徴は，特定の問いに答えたり，特定のパラメータを推定したりすることである．研究では，比較的短期間（1〜5年）に測定される，1つまたは2つの対象変数の推定に集中することが普通である．通常は目的が絞られており，大学院の在学期間中に実施できるため，研究は大学院生にとって都合

---

1)【訳注】これら2つの用語の訳はともにstudyを無視しており正確なものではないが，本章ではこれにより文意を損なうことはないと判断した．

のよいものである．研究では，通常，緊急に解決すべき問題や危機に対処する
か，あるいは差し迫った管理上の意思決定に有用な情報を取得する．その問題
や危機，意思決定などが解決すれば，研究を続ける動機は失われる．こうした
理由から，あるパラメータの推定値を，可能な限り高い統計的精度で，最短時
間で得られる空間デザインが最重要となるのが普通である．

　一方，特定の問いに答えることを目的としないことが，多くのモニタリング
の主な特徴である．モニタリングの目的は環境資源の監視であることが多い．
たとえば，モニタリングの目的はしばしば，「現状を推定し，トレンドを検知
すること」などと説明される．そのため，特に研究と比較すると，モニタリン
グの目的は漠然としているようにも感じられる．パラメータは大きく年次変動
することが多く，トレンドの検出には長期間を要するため，モニタリングは通
常，10～30年の長期にわたり実施される傾向がある．また，モニタリングの
地理的範囲は大規模になりやすく，標本サイト間で多くの移動が必要となる．
モニタリングはまた，資源の管理権限を持つ機関から資金提供を受けやすい．

　研究で用いられるデザインは単一のパラメータについて可能な限り高い精度
が得られるように最適化できるのに対して，モニタリングで用いられる空間デ
ザインでは一般に，変数や目的を1つに絞れない場合が多い．現実のモニタリ
ングでは目的が複数あることが普通であり，複数のパラメータを推定するため
に地点の配置を最適化することは困難である．モニタリングを10～30年継続
するためには，複数のパラメータに関する高品質なデータを取得する上で十分
に頑健な空間デザインが求められる．また，実施や維持が容易であり，予期せ
ぬ問題が生じた場合にもデータが得られるものでなければならない．

　残念ながら，空間デザインに関する統計学の文献の多くは，単一のパラ
メータに関心がある状況と関連するものである．Steel and Torrie（1980）や
Quinn and Keough（2002）などの実験計画法の本では，処理効果の推定能力
を最大化する方法として，ブロック化やネスト化などの技術が述べられてい
る．第2章で説明された層別化は通常，精度を改善するための手法と考えられ
ているが，一般には単一のパラメータに対してのみ有効である．最大エントロ
ピー法（Shewry and Wynn, 1987; Sebastiani and Wynn, 2000），空間予測
法（Müller, 2007），ベイズ標本抽出法（Chaloner and Verdinelli, 1995）で

は，ある基準（情報利得など）を最大化するサイトの配置が設計されている．しかし，これらで用いられる基準は単一の変数の関数である．そのため，これらの手続きで最適化されるのは，一度に1つのパラメータだけである．空間相関が強くない限り，1つのパラメータに対して最適に近いデザインは他の変数に対しては最適でないため，モニタリングにおいて1つのパラメータに焦点を当てることは一般に望ましくない．

10.4 空間デザイン

本章の残りの主要部分は2つの節から構成される．研究デザインの節では，一般にモニタリングよりも研究に適した，広く利用されている4つのデザインを説明する．本節で説明するデザインは，特定の状況下（監視対象の変数が少ない場合など）であればモニタリングにも適用できる．表10.2に示す通り，取り上げるデザインは単純無作為標本抽出，二段標本抽出，層別標本抽出，クラスター標本抽出である．モニタリングデザインの節では，一般にモニタリングに適した3つのデザインを説明する．取り上げるデザインは，2次元系統標本，1次元一般無作為標本（general random sample, GRS），d次元釣合い型許容標本（balanced acceptance sample, BAS）である．これらのデザインの重要な特徴は，高い空間被覆率が保証されることである．より複雑な標本（GRSとBAS）を得るためのRコードは本書のサポートサイトから入手できる．

10.4.1 研究デザイン

本節では，一般に研究に適した4つの典型的な空間標本抽出デザインを簡単に説明する．前述のように，長期研究では単一の変数を対象とする場合があり，その場合には本節のデザインをモニタリングにも適用できる．また，標本抽出計画の一部（単純無作為標本抽出，層別標本抽出，GRS）は，より大きなデザインの異なる段階で適用される場合がある．たとえば，ある段階で標本抽出単位の大きな集まりを系統標本として選択し，その後，その大きな集まりから単位を単純無作為標本抽出することもありうる．これら有限母集団のデザインについては本書の第2章で詳しく述べられており，またCochran（1977），

表10.2　研究とモニタリングに適した一般的な空間デザイン（参考文献と簡単な説明・コメントを付けた）.

空間デザイン	文献	説明・コメント
研究 単純無作為	Cochran（1977, 第2章）Scheaffer et al.（1979, 第4章）Särndal et al.（1992, 第3章）Lohr（2010, 第2章）	サイトは完全に無作為に選択される. 標本抽出に関する多くの教科書や論文で扱われている.
二段	Cochran（1977, 第11章）Scheaffer et al.（1979, 第9章）Särndal et al.（1992, 第4章）Lohr（2010, 第6章）	まず大きな1次サイト（ポリゴン）が選択され, 続いて選択された1次サイト内の小さな2次サイトが標本抽出される. 一般に, デザインと標本サイズは段階によって異なる場合がある.
層別	Cochran（1977, 第5章, 5A）Scheaffer et al.（1979, 第5章）Särndal et al.（1992, 第3章）Lohr（2010, 第3章）	二段標本抽出の特殊な例. 1次サイトは層によって定義され, 第1段階の調査で全ての1次サイトが標本抽出される. one-per-strata標本抽出（Breidt, 1995）を特殊な場合として含む. 一般に, デザインと標本サイズは層によって異なる場合がある.
クラスター	Cochran（1977, 第9章, 9A）Scheaffer et al.（1979, 第9章）Särndal et al.（1992, 第4章）Lohr（2010, 第5章）	二段標本抽出の特殊な例. 第2段階の調査で1次サイト内の全ての2次サイトが標本抽出される.
モニタリング 系統	Cochran（1977, 第8章）, Scheaffer et al.（1979, 第8章）Särndal et al.（1992, 第3章）Lohr（2010, 2.7節）	格子標本抽出とも呼ばれる. 2次元の資源に適している. 格子の形状は通常, 四角形（正方形のセル）か三角形（六角形のセル）である.
一般無作為標本（GRS）	本章	1次元の資源に適している. 決められた大きさの等確率または不等確率標本, 順序付きまたは順序無し標本, 単純無作為または系統標本を取得できる.
釣合い型許容標本（BAS）	Robertson et al.（2013）	n次元の資源に適している. n次元で空間的に釣合った等確率または不等確率標本を取得できる.

注　より詳細な説明は本文の該当箇所と参考文献を参照されたい.

Scheaffer et al. (1979), Särndal et al. (1992), Lohr (2010), Müller (2007) で詳しく解説されている.

　単純無作為標本抽出の場合を除いて，標本抽出の際には対象の変数と調査領域に関する事前情報が多く必要となる．たとえば，層別デザインを用いるためには対象領域をカテゴリに分類する必要がある．この分類を行うためには，層を定義するための補助変数を把握するか，推定する必要がある．最大エントロピーデザインを用いる場合には，空間共分散の大きさと構造に関する情報が必要である．また，クラスターデザインを用いる場合には，調査領域全体でクラスターの大きさと構成が既知でなくてはならない．

■ 単純無作為標本抽出

　地理的調査領域の単純無作為標本を得るためには，まず調査領域を矩形の枠で囲み，水平方向 x と垂直方向 y の座標範囲を明確にする必要がある．次に，境界枠内の座標の組を無作為に1つずつ生成して，無作為なサイト座標を得る．無作為な座標の組は，x 座標について一様分布から無作為な値を1つ，y 座標について一様分布から無作為な値を1つ（独立に）選択することで生成される．無作為に生成された点 (x, y) は調査領域の境界枠内のどこかに位置するが，必ずしも調査領域の内側に位置するとは限らない．無作為な点 (x, y) が調査領域の外にある場合は，その点を破棄して別の点を生成する．調査領域内で望ましい標本サイズが達成されるまで，境界枠内で点を生成する過程を繰り返す．図 10.1 に矩形の調査領域からの単純無作為標本抽出の例を示す．

　単純無作為標本は調査領域を客観的に評価できる．特定の標本サイトにアクセスできないとき，またはそれが不適切な場合でも，追加の標本サイトは簡単に生成でき，また標本の基本的な統計的性質は維持される．単純無作為標本抽出は，本節で扱うデザインの中で対象変数に関する事前情報を利用しない唯一のデザインであり，そのため大部分の研究で容易かつ迅速に実施できる．ただし単純無作為標本抽出には，調査領域内を均一に被覆することを保証しないという問題がある．複数の標本の集まりや，標本抽出されていない大きな領域が生じる可能性がある．たとえば図 10.1 の標本では，左から右に3分の1程度の部分に標本サイトが存在しない縦の帯がはっきり確認できる．

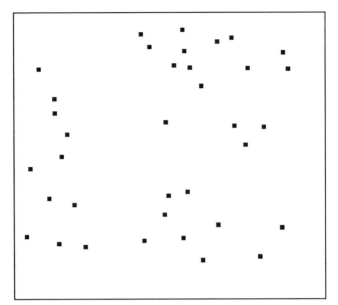

図10.1 正方形の調査領域から選択された大きさ36の単純無作為標本の例.

　調査対象領域に空間相関がある場合には，こうした標本の集まりや標本抽出されていない領域があると，調査対象領域の一部が過度に重視され，他の部分は軽視されることになる．特定の領域の過不足が生じることに統計的な問題はないが，非効率である．なお空間相関がない場合には，統計的な観点からは標本サイトの位置に関わらず全ての領域に等しく代表性があるため，単純無作為標本を取得したほうがよいこともある．

■二段標本抽出

　二段デザイン（Cochran, 1977, 第11章; Scheaffer et al., 1979, 第9章; Särndal et al., 1992, 第4章; Lohr, 2010, 第6章）では，入れ子となる2段階の標本抽出を行う．二段標本抽出は，サイトを大きなまとまりに自然にグループ化でき，これら大きなまとまりを選択することが比較的容易な場合に行われる．標本サイトの大きな集まりは1次単位と呼ばれ，調査の第1段階で現れるものとして定義される．地理的領域を標本抽出する場合には，1次単位は流域

や地区，国，州などの大きなポリゴンであることが多い．一般に，複数のサイトや標本単位を含む任意の構造が1次単位となりうる．このデザインにおける1次単位の選択は，単純無作為標本抽出，系統標本抽出，GRS，BASなどの基本的な空間デザインのいずれかによって行われる．

1次単位が定義され，何らかのデザインによって選択されると，今度は選択された1次単位の中から標本サイトの実際の場所が選択される．ここでの標本サイトは2次単位（secondary unit）と呼ばれ，調査の第2段階で現れるものである．2次単位は，単純無作為標本抽出，系統標本抽出，GRS，BASなどの基本的な空間標本抽出法のいずれかを用いて，1次単位のそれぞれから選択される．1次単位の間で標本抽出デザインや標本サイズが一貫している必要はないが，そうである場合が多い．図10.2に二段標本の例を示す．

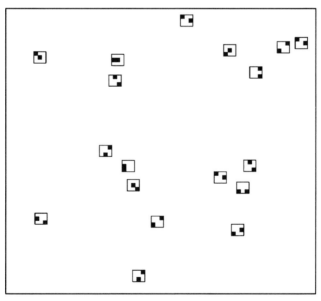

図10.2 18個の1次単位と，そのそれぞれからの2個の2次単位の合計36個の標本サイトからなる二段標本の例．各1次単位は，9個の2次単位からなる3×3のブロックと定義した．1次単位と2次単位は単純無作為標本抽出によって選択した．

　標本単位が自然に入れ子状となっている場合には，三段以上のデザインを用いることが可能である．たとえばアメリカ合衆国全体を対象とする場合，州，州内の郡区，郡区内の地区，地区内のサイトの順に選択できるだろう．

　生態研究においては，第1段階で全ての1次単位を選択しない二段デザインは比較的まれである．第1段階で全ての1次単位を選択し，その全てにおいて第2段階の標本抽出を行う方法が用いられることが多い．こうした状況は層別デザインと呼ばれる（次の節を参照）．しかし，大きな1次単位が多数ある場合には，まず空間的に釣合った[2] 1次単位の標本を選択し，続いて空間的に釣合った2次単位の標本を選択する方法が，研究やモニタリングのいずれにも適したデザインとなるかもしれない．

■層別標本抽出

　層別デザインは，第2章で説明したように二段デザインの特別な場合であり，全ての1次単位を選択して，そのそれぞれから2次単位を標本抽出するものである．全ての1次単位を標本抽出する場合には，1次単位は層と呼ばれる．層は全体として，調査領域を相互に排他的な2次単位（サイト）の集まりに分割する．層別標本の例を図10.3に示す．二段標本抽出と同様に，標本サイズやデザインが層によって異なっても構わない．

　図10.3では，3つの層からそれぞれ12個の単純無作為標本を取得している．この例では層の大きさが異なるため，各層で標本サイトの密度は異なっている．こうした標本は比例割当ではない．サイトの密度が全ての層で等しい，またはサイトの数が層の大きさに比例する場合，その標本は比例割当であると言う[3]．図10.3では，左側の層は他の2つの層の2倍の大きさがある．比例割当とするためには，大きな層の標本サイズを $36/2 = 18$，2つの小さな層の標本サイズをそれぞれ $36/4 = 9$ とすればよい．比例割当は，標本の事後層別が予想される場合に重要となる．比例割当では全てのサイトが等確率で含まれる

---

2)【訳注】spatially balanced. 標本が母集団によく広がり，近接した標本単位が少ない状態のこと．

3)【訳注】2.9節も参照のこと．

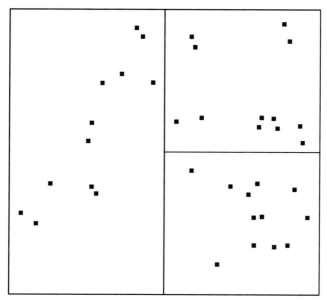

図 10.3 3つの層から 36 サイトを選択した層別標本の例. 各層では, 単純無作為デザインによって 12 サイトを選択した.

ため, 事後層別の処理は容易である. 比例割当ではない場合には, 事後層別によって解析で不等確率を考慮する必要が生じるため, 統計的には妥当だが複雑な解析が必要となってしまう.

生態研究では通常, 対象となる地理的な領域や, 対象変数の水準に基づいて層が設定される. たとえば河川の魚類個体群の研究では, 標高の高い河川では標高の低い河川よりも魚類が多い (または少ない) という仮定の下, 標高に基づく層別化が行われることがあるかもしれない. あるいは別の魚類研究では, 河川のセグメントを低, 中, 高生産性の層に分類して, 生産性の各水準から標本を取得することを試みる場合もありうるだろう.

層を設定する際には, 変化しない, または変化の遅い要素に基づいて層の境界を決定することが望ましい. 層の境界の良い例として, 地理的な境界 (山脈や標高など) や政治的な境界 (州や郡など) が挙げられる. 悪い例としては, 生息地の分類や道路からの距離に基づくものが挙げられる. これらの基準は急

速に変化する可能性があるため，層の境界として適さない．

■ クラスター標本抽出

　クラスター標本は二段標本の特殊な場合であり，選択された1次単位から全ての2次単位を選択するものである．クラスター標本抽出では，二段標本抽出と同様に，第1段階で1次単位の標本抽出を行う．しかし，クラスターデザインの第2段階では，選択された各1次単位内の全ての2次単位を選択するのである．クラスター標本の例を図10.4に示す．

　生態研究では，ある集まり（クラスター）に含まれる全ての標本単位を比較的容易に集められる場合にクラスター標本抽出が有効である．たとえば特定の状況では，群生する動物（野生のウマやイルカなど）の群れ全体を捕捉するこ

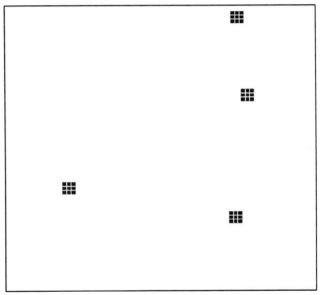

図 10.4　大きさ4のクラスター標本の例．各1次単位は3×3の9個の2次単位のブロックとして定義した．合計で9×4＝36サイトが選ばれている．

とが比較的容易である．このような場合には，群れをクラスターとし，群れに
属する個体を2次単位と定義するのが妥当である．標本抽出されるクラスター
の数が多くない場合には，系統標本抽出の特殊な場合を除いて，クラスター標
本抽出が地理的な位置の標本抽出に用いられることはあまりない．

10.4.2 モニタリングデザイン

研究に広く適用可能な空間デザインは数多くあり，また1つのパラメータ
に対して空間デザインの改善や最適化を行う方法も少なくないが（Müller,
2007），モニタリングでうまく機能する汎用的な空間デザインは比較的少ない．
モニタリングで優れた性能を示すいくつかのデザインの主な特徴は，サイト
の広い空間被覆を確実にすることである（Kenkel et al., 1989; Schreuder et
al., 1993; Nicholls, 1989; Munholland and Borkowski, 1996; Stevens and
Olsen, 2004; Robertson et al., 2013）．モニタリングでは空間変動が大きな
変動要因の1つであることが多いため，広い空間を被覆することが有効である
（もう1つの大きな要因に時間変動がある）．

優れた空間被覆を確保するデザインのうち，モニタリング調査の目的を満
たす可能性が最も高いデザインは3つある．その他のデザインも有効だが，全
ての目的を満たすような適用はより困難である場合が多い．モニタリング調
査に適した標本抽出デザインは，系統標本抽出，GRS，BASの3つである．4
つ目のデザインとして，GRTS（generalized random tesselation stratified）
（Stevens and Olsen, 2004）も多くの環境調査で利用されているが，次世代型
のBASはGRTSデザインよりも実施が容易で，空間被覆特性も優れている
（Robertson et al., 2013）．

■2次元の系統標本抽出

系統標本（格子標本とも呼ばれる）はクラスター標本の特殊な場合である．
各クラスターは調査領域全体にわたって広がり（つまり，2次単位は隣接しな
い），1つのクラスターのみが標本抽出される．系統標本という名前は，標本
サイトが系統的に配置されることに由来する．すなわち系統標本抽出では，無
作為な初期値を1つ用いて，単位のグループやブロックの中で同じ相対位置に

ある 2 次単位を選択する．各ブロックの大きさと形状はデザインの刻み幅（または格子間隔）と等しく，選択される 2 次単位の数を決定する．一般に系統標本抽出では，1 度の標本抽出で得られるサイトの数は一定でない．つまり，調査領域の大きさが標本サイズで（全方向に）均等に分割できる場合を除き，全てのクラスターに同じ数のサイトが含まれるわけではない．標本サイズが変動することには実施上の問題があるものの，クラスターサイズの変動は統計的な問題にはつながらないことが知られている（Särndal et al., 1992）．本節では 2 次元の系統標本について説明する．1 次元の系統標本も可能であり，これは次節で述べる GRS として実装すべきである．

　矩形の地理領域の系統標本を図 10.5 に示す．図には 2 次単位のブロック（ここから単位を 1 つ選択する）の境界を示す破線が描かれている．これらのブロックの幅と高さが，水平方向と垂直方向の刻み幅である．ブロックの幅と高さは，標本サイズと調査領域の幅と高さによって決まる．図 10.5 の例では，所望の合計 36 サイトを 6 行 6 列に任意に配列し，縦方向と横方向の標本単位の数が 6 となるよう均等に分割した．36 サイトを 3 行 12 列に並べた別の構成を図 10.6 に示す．ブロックの大きさを決めた後，最初のブロックの中で無作為に位置を選択する．その位置のサイトを選択し，他のブロックの同じ相対位置にあるサイトを残りの標本として選択する．

　調査領域が不規則なポリゴンの場合は，調査領域に（無作為化された）標本サイトの格子を重ねて，その輪郭の中に入る格子点を選択することで，系統標本を取得できる．無作為化された格子と矩形でない調査領域を交差させるこの過程では，調査領域に入るサイトの数が無作為化によって変動するため，標本サイズは一定にならないが，実施上の困難を除けば標本サイトの数の変動は解析上の問題とならない．系統標本抽出では，単位の選択は独立ではない．標本に含まれる単位の 1 つについてその素性が判明すれば，標本内の他の全ての単位を特定できる．

　系統標本抽出はモニタリング調査に適したデザインである．生じる標本は空間的に釣合っているため，モニタリングに有用である．しかし，系統標本抽出には通常，生じる標本の大きさが変動するという問題があり，またアクセスできない，または不適切な標本サイトの置き換えが困難な場合もある．アクセス

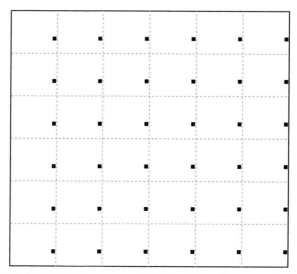

図 10.5 無作為な初期値を用いた 6 × 6 系統標本の例. 破線は 2 次単位（サイト）のブロックを示しており, そこから単位が 1 つ選択される. 各ブロックで相対位置が同じサイトの集まりがクラスターを構成する.

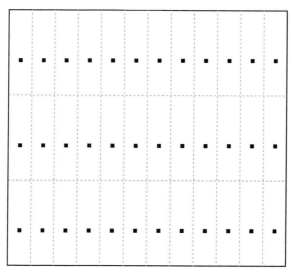

図 10.6 無作為な初期値を用いた 3 × 12 系統標本の例. 破線は 2 次単位（サイト）のブロックを示しており, そこから単位が 1 つ選択される. 各ブロックで相対位置が同じサイトの集まりがクラスターを構成する.

できないか，または不適切なサイトがあり，研究者がそれを別のサイトに置き換えたい場合に，追加のサイトをどこに配置すべきかを決めるのは難しい．置き換えが悩ましいのは，全ての格子点を利用しない配置では，標本の空間的な釣合いが悪くなってしまうためである．ただし，他のデザインでサイトを置き換える場合と同様に，系統的に選ばれたサイトの置き換えによって推測に関する問題が生じることはない．

　また，系統標本抽出が完了する前に予算と時間が尽きてしまうことによっても，空間的な釣合いが損なわれる可能性がある．予算や時間の制約により系統デザインを完全に実行できない場合，実現する全ての標本サイズの下で空間的な釣合いが維持されるように研究者が意図的にサイトを訪問しない限り，調査領域の大部分が標本抽出されない可能性がある．短縮された調査期間の中で空間的な釣合いを保たなくてはならないということは，研究者は系統的な順序でサイトを訪問できず，実施効率が下がってしまうことを意味する．このような，サイトの追加や削除に対して空間的な釣合いを保つことが難しいという問題はBASの標本にはないものの，BASではサイトを任意の順序で訪問することができない．

■1次元の一般無作為標本（GRS）

　GRSを用いれば，1次元の資源の標本抽出に複数のアプローチを適用できる．GRSでは，1次元の資源に対して等確率または不等確率，順序付きまたは順序無し，単純無作為または系統的な標本を取得できる．アルゴリズムによって選択される標本の大きさは一定である．GRSを2次元に一般化することは容易ではないが，1次元の資源には，河川，海岸，湖岸，林縁，順不同の枠など，天然資源の多くの種類が含まれる．有限または無限の1次元資源（線上の点など）はどちらも，（無限の資源は有限個に離散化して列挙できると仮定すれば）GRSアルゴリズムを用いて標本抽出することが可能である．

　大きさnのGRSは次のようにして標本抽出される．母集団の各標本単位に関連する補助変数のベクトルをxとしよう．ベクトルxは定数であるか，または単位の大きさ，特定の場所からの距離，対象変数の期待される水準などの値を含む．xが定数の場合，デザインは等確率である．xが定数でない場合，標

本は x に比例する確率で選択される．GRS の選択ではまず，x の値の和が n となるように，和で除して基準化する．基準化された値の中に 1 より大きいものがあれば，それらの値を 1 に設定し，残りの値を改めて基準化することで和が $n-k$ になるようにする（ここで k は 1 より大きかった値の数である）．そして，0 から 1 の間の無作為な初期値を選択し，基準化された値に関連した単位の系統標本（刻み幅は 1）の開始点として用いる．GRS アルゴリズムを図で段階的に表したものが図 10.7 である．GRS を標本抽出するための R コードが本書のサポートサイトで提供されている．

GRS アルゴリズムでは，母集団内の単位に順序があってもなくても構わない．x の要素が全て等しく，GRS の選択の前に母集団内の単位の順序が無作為化されている場合，結果として得られる標本は単純無作為標本である．x の要素が全て等しく，母集団内の単位の順序が固定されている場合，結果として得られる標本は大きさが一定の 1 次元の系統標本である．この類の系統標本は，ある地理的な位置からの距離，標高，経度や緯度などの補助変数に基づい

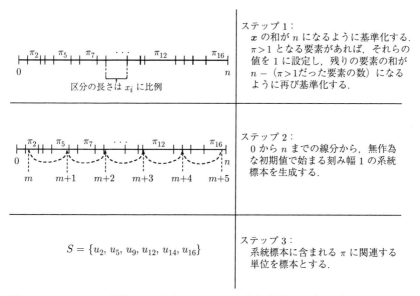

図 10.7 $N=16$ の母集団から大きさ $n=6$ の一般無作為標本（GRS）を取得する方法を段階的に表現した図.

て単位を並べることが望ましい場合に適している．たとえば，河川の全体に標本サイトを配置するために，河川のセグメントを河川距離（河口からの距離）で並べることが望ましい場合が考えられる．x の要素が一定でなく，単位の順序が無作為である場合，結果として得られる標本は包含確率が x に比例した単純無作為標本である．x の要素が一定でなく，単位の順序が固定されている場合，結果として得られる標本は包含確率が x に比例した系統標本である．

■GRS の包含確率

解析を行う際には，データ収集の際の標本抽出デザインの特性について知ること，または少なくとも推定することが肝要である．これは主に，デザインの 1 次包含確率と 2 次包含確率の計算や推定と関係する．通常，3 次および高次の包含確率は無視される．1 次と 2 次の包含確率が重要なのは，Horvitz-Thompson 推定量（Särndal et al., 1992）やその他の推定技術で利用されるためである．

GRS アルゴリズムでは 1 次包含確率を容易に求められる．これらは，系統標本抽出に用いられる基準化された区間長によって表される．つまり，GRS において単位 i が選択される 1 次確率は，それに関連する基準化された x_i の値に等しい．GRS の 2 次包含確率の計算はより困難である．理論上，GRS の 2 次包含確率は計算可能であるが，その計算には多くの時間を要する．そのため，2 次包含確率は通常，公式やシミュレーションを用いて近似的に求められる．Stevens（1997）は，GRS の 2 次包含確率の近似にも利用できる，GRTS 標本の特殊な場合についての公式を示している．その他の場合の 2 次包含確率は大抵，シミュレーションによって近似される．2 次包含確率を近似するためのシミュレーションでは，GRS アルゴリズムを反復して，各単位の組が標本として生じた回数を集計する．本書のサポートサイトには，このようなシミュレーションを実装した R コードが掲載されている．

■釣合い型許容標本（BAS）

釣合い型許容標本（BAS）は，その名が示す通り，空間的な釣合いを保証する許容標本抽出の一種を用いて得られる標本である．本節では，2 次元で等確

率 BAS を取得するアルゴリズムを説明する．n 次元の資源の標本抽出や，包含確率の変動を考慮した BAS アルゴリズムを考えることもできるが，本書では扱わない．ここでの説明は Robertson et al.（2013）の解説を要約したものである．

・Halton 数列

Halton 数列（Halton sequence; Halton, 1960）は擬似乱数生成器として，また，空間内に点を均等に配置する方法として，数学的によく知られている．Halton 数列は，d 次元空間を 1 次元の数列に効率的に写像するため，標本抽出に役立てられる．d 次元の Halton 数列は，実際のところは d 個の 1 次元数列（そのそれぞれは van der Corput 数列）の組み合わせである．まず，これらの 1 次元数列を定義しよう．

ある数 p（$p \geq 2$）を底として選択し，整数 $1, 2, \ldots$ の p 進法表記を逆にすることで，1 次元の資源に標本位置を一様に配置する数列を構成できる．たとえば，10 の 3 進法表記は 101（すなわち，$1 \times 3^2 + 0 \times 3 + 1 = 10$）である．$p$ 進法表記を逆にしたものは根基逆（radical inverse）と呼ばれることがあるもので，ここでは次のようになる[4]．

$$\phi_3(10) = 0.101 = \frac{1}{3^1} + \frac{0}{3^2} + \frac{1}{3^3} = \frac{10}{27} = 0.3704$$

11 の 3 進法表記は 102 であり，その逆は次のようになる．

$$\phi_3(11) = 0.201 = \frac{2}{3} + \frac{0}{9} + \frac{1}{27} = \frac{19}{27} = 0.7037$$

これら p 進法を逆にした数の列には，任意の連続した部分数列が区間 $[0, 1]$ に均等に分布するという性質がある（Wang and Hickernell, 2000）．

d 次元の Halton 数列は，単純に d 個（各次元に 1 個ずつ）の 1 次元数列からなるものであるが，1 つ条件が追加される．その条件とは，全ての 1 次元数列の底は対ごとに素（pairwise coprime）でなければならないというものであ

---

4)【訳注】以下の式では，0.3704 は 10 進法の小数表記であるのに対して，0.101 は 3 進法の小数表記となっている点に注意．$\phi_3(11)$ に関する次の式も同様である．根基逆関数の定義は Robertson et al.（2013）を参照のこと．

り，実際はこれにより空間的な釣合いが保証される．対ごとに素であるために
は，全ての底が素数であり，また一意である必要がある（繰り返しがあっては
ならない）．互いに素な底の組はいずれも Halton 数列の定義を満たすが，BAS
アルゴリズムでは 2 次元空間を標本抽出するために $p_1 = 2$ と $p_2 = 3$ が選ばれ
る．標本抽出の目的上，1 次元数列を無作為な位置から開始することで Halton
数列に確率性が加えられる．各次元で無作為に配置された場所で開始された
Halton 数列は無作為化 Halton 数列（randomized Halton sequence）と呼ば
れる．

・等確率 BAS デザイン

　等確率の BAS 標本を取得する際には，まず調査領域を囲む矩形の境界枠を
定義する．境界枠内に無作為化 Halton 数列を生成し，研究領域内で n 個の位
置が得られるまで順に点を取っていく．研究領域の外に落ちた点は破棄する．
カナダのアルバータ州における等確率 BAS デザインの実現例を図 10.8 に示
す．図 10.8 に示した点は，R パッケージ SDraw を用いて標本抽出したもので
ある．

・不等確率 BAS デザイン

　前節で説明した BAS デザインは，連続空間で不等確率標本を取得するよう
に修正できる．不等確率標本は，包含確率に比例する次元を追加して許容標本
抽出の方法を実装することで取得できる．詳細は Robertson et al.（2013）を
参照してほしい．

・BAS の包含確率

　Robertson et al.（2013）は，調査対象領域の 1 次および 2 次の包含確率は，
生じうる全ての無作為化 Halton 数列を列挙することで計算可能であると述べ
ている．これを実現することは大規模な問題では難しいが，多くの場合は（特
に計算を並列化できる場合には）計算的に行うことができる．全ての無作為化
Halton 数列の列挙が不可能な場合には，GRS と同様のコードを用いたシミュ

図 **10.8** カナダのアルバータ州における $n = 100$ の釣合い型許容標本（BAS）. BAS は R の **SDraw** パッケージを用いて選択した.

レーションによって1次包含確率と2次包含確率を近似できる（Robertson et al., 2013）.

10.5 要約

　本章では，標本抽出方式の選択において重要な概念を説明した. この概念には，科学的デザインと非科学的デザインの定義が含まれる. 科学的デザインは確率標本を取得するデザインであり，非科学的デザインは確率標本を取得しないデザインである. 環境調査，特にモニタリング調査では，常に科学的デザインを用いるべきであるとされている.

　また，研究とモニタリングの区別についても議論した. これらを区別したのは，両者の間では求められる標本抽出デザインが一般に異なるからである. 特に，研究の標本抽出デザインは通常，特定のパラメータや仮説に対して可能な

限り高い統計的精度を与えるものでなければならない．一方，モニタリングの標本抽出デザインは，予期される，または予期されていない幅広い推定課題に対応できるよう，長期にわたり適切なデータを与えるものでなければならない．研究に適した4つの標本抽出デザインとして，単純無作為標本抽出，二段標本抽出，層別標本抽出，クラスター標本抽出を説明した．また，モニタリングに適した3つの空間デザインとして，系統標本抽出デザイン，GRSデザイン（1次元資源の場合），BASデザインを説明した．

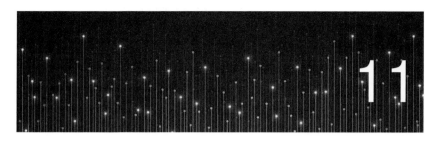

トレンド解析のモデル

Timothy Robinson and Jennifer Brown

11.1　はじめに

　本書のこれまでの章では，個体群サイズや密度などのパラメータを推定するために行われる生態学的母集団の標本抽出の様々な戦略に焦点を当ててきた．環境の管理者は，母集団の現在の状態だけでなく，時系列での変化に関する情報を必要とすることが多い．たとえば，国立公園などの特別地域のモニタリング（Fancy et al., 2009），生物多様性のモニタリング（Nielsen et al., 2009），侵入種の分布拡大を検出するためのモニタリング（Byers et al., 2002），汚染水準のモニタリング（Wiener et al., 2012）などに関心を持つ場合がある．長期にわたる変化のモニタリングは，脆弱な種や生態系に対して管理措置が必要かどうかを見極め，管理措置が効果的であったかどうかを評価するのに役立つ．たとえば，生物多様性の損失率の低減を目的とした生物多様性条約では，2010 年目標（http://www.biodiv.org/2010-target）[1]に対する進捗状況を評価するための指標が参照されている．この指標には，特定の種の個体数量や分布の変化を監視するものや，希少種や絶滅危惧種の状態の変化を測定するものが含まれている．

---

1)【訳注】2022 年 7 月 25 日現在，アクセスできなくなっている．

　本章では，経年変化を評価するための様々な方法を検討する．魚の水銀濃度（単位は ppm）によって評価された湖の汚染に関するデータセットを用いる．魚は，湖の様々な場所でのひき網により収集されたものである．魚の組織はすり潰され，水銀濃度が測定された．ひき網調査は，湖の中で無作為に選ばれた 10 ヶ所の調査地点で 12 年間行われた．このデザインの特徴は，同じ場所で測定が繰り返し行われるため，観測データにクラスター構造があることである．もう 1 つの特徴は，データが釣合っていることである．つまり，10 ヶ所の調査地点のそれぞれに同数（$n_i = 12$）の観測値があり，データセットには合計で $n = 120$ の観測値がある．

　この研究の目的の 1 つは，12 年間の調査で汚染水準に有意なトレンドがあるかどうかを判断することであった．もう 1 つの目的は，調査地点間の汚染のばらつきを評価し，それが各調査地点の水銀濃度のばらつきよりも大きいか小さいかを確認することであった．前者の目標は湖の汚染の変化を判断することと直接関係しているが，後者の目標は調査を将来的に継続するとしたときの標本抽出の努力配分の決定と関係している．たとえば，標本抽出の努力量をより増やせる場合には，調査地点ごとの観測頻度を増やすか，調査地点の数を増やすかについて判断が求められるだろう．

　標本抽出単位ごとに反復して観測を行った場合，データを扱う方法として単位解析（unit analysis）と併合解析（pooled analysis）の 2 つがある．単位解析では，標本抽出単位（トランセクト，コドラート，無線標識された動物など）ごとに個別に解析を行う．個々の単位の結果を単位間でまとめることで，全ての単位からなる母集団に関する推測を行える．上記の例では，まず各調査地点のデータを個別に調べることになる．併合解析には一般に混合モデル（mixed model）が用いられる（Myers et al., 2010）．これらのモデルでは，標本抽出単位はより大きな単位の母集団からの無作為標本であるという事実が利用される．水深や水流，水生植物などの測定されていない要因によって，標本抽出単位は互いに異なっている可能性がある．陸域での研究の場合には，森林組成，標高，方位，その他個体群動態に関連する固有の要因が関連するかもしれない．これら測定されていない要因は基本的に，標本抽出単位の分散成分に寄与する．今回の例では湖底構造や魚類の多様性が小さなスケールで変化するた

め，調査地点間で水銀の測定値がばらつくことは容易に想像できる．

混合モデルでは，個々の単位だけでなく，単位の母集団全体を推測すること もできる．これは単位解析よりも複雑だが，多くの利点がある．たとえば混合 モデルでは，各標本抽出単位の観測数が不均等な場合など，欠測を含むデータ を容易に扱える．また混合モデルは，複数の層が入れ子となったデータ（たと えば，月次データの記録が季節の中に入れ子になっている場合など）の解析に も適用できる．

11.2 トレンド解析の基本的な手法

初期のデータ探索において，単純で効果的な図の利用は不可欠である．デー タの図示は主なトレンドを他者に説明する上で効果的な方法であり，母集団の 変化を報告する際に有用である．例として，汚染に関する指標を図 11.1 に示 す．図の縦軸はある年に特定の調査地点で測定された水銀の濃度を，横軸は観 測番号を表す．トレンドがわかるよう，各データ点には観測年が記されてい

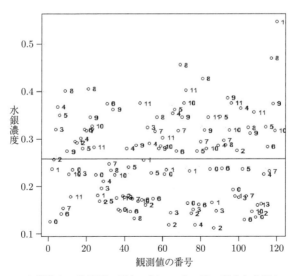

図 11.1 水銀濃度の指標図．図中の個々の点の隣に調査年を記している．

る（1995年から2006年を0から11で表している）．指標図中の水平線は120
の観測データ全てについての濃度の全体平均値を示す．この図を観察すると，
一般に，水平線より上にある点の大部分が調査の後半の年のもの（すなわち
6～11）であり，調査の初期よりも後期のほうがより汚染が深刻であったこと
がわかる．ただし，このような図では，データのパターンをより詳しく調べて
トレンドの詳細を把握したり，各調査地点で同じトレンドが見られるかどうか
を確認したりすることは難しい．

　12の調査年ごとの測定値の分布を表す箱ひげ図を図11.2に示す．水銀濃度
は時間経過とともに確かに正の方向に推移していた．箱ひげ図の広がりは水銀
の測定値が調査地点間でばらついていることを示しており，一部の調査地点で
は他の調査地点よりも高い汚染水準にあることを示唆している．

　トレンドを定量化するための様々な方法を紹介する前に，2つの時点の間で
単純に応答を比較したい場合も多いだろう．調査地点における2年間（たとえ
ば研究の開始年と最終年）の変化にのみ関心がある場合は，対応のあるt検定

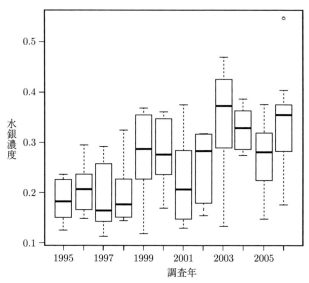

図11.2　水銀濃度水準の箱ひげ図．個々の箱の広がりは各調査年における調査地点間
　　　の濃度のばらつきを示す．

（paired t-test）を利用できる．両群のデータが正規分布に従うことが条件の 1 つであるが，データセットが十分に大きければ検定は正規性からの逸脱に対して頑健である（Sawilowsky and Blair, 1992）．検定統計量は以下のように表される．

$$\frac{\bar{y}_{2006} - \bar{y}_{1995}}{\mathrm{SE}\,(\bar{y}_{2006} - \bar{y}_{1995})} \sim t_{11}$$

ここで，$\bar{y}_{2006}$ と $\bar{y}_{1995}$ はそれぞれ 2006 年と 1995 年の平均測定値，$\mathrm{SE}(\bar{y}_{2006} - \bar{y}_{1995})$ は測定値の差の推定標準誤差，$\sim t_{11}$ は検定統計量が自由度 11 の t 分布に従うことを表す[2]．検定統計量は $t = 3.81$，p 値は 0.0021 であり，平均水銀濃度は調査開始時点よりも終了時点のほうが有意に高いことがわかる．2006 年と 1995 年の水銀濃度の差の平均値は 0.1480 ppm であった．

　2 つの時点を比較する際の別のアプローチとして，2 時点の測定値の差を取り，ブートストラップ法を用いて ppm 水準の差の平均値の信頼区間を得る方法が考えられる．ブートストラップ法は現代的なノンパラメトリック計算法であり，様々な統計ソフトウェアを用いて簡単に実装できる．この方法の詳細については Manly（2006）を参照してほしい．

　この時点で，検討した図より水銀濃度が経時的に上昇する傾向にあることがわかり，また，対応のある t 検定により任意の 2 時点で値を比較できるようになった．トレンドをさらに詳しく調べることも可能であり，たとえば，増加率が時系列で一貫した線形トレンドなのか，あるいは調査の初期のほうが後期よりも早く増加する曲線トレンドなのかを確認できる．これには単位解析や併合解析を用いる．次節では単位解析の方法を説明する．

11.3　トレンドの単位解析

　上で述べたように，トレンドの単位解析では標本抽出単位ごとに個別にトレンド解析を行う．単位の無作為標本抽出と各単位での反復測定が行われた場合，推測の主な対象は一般に 2 つ（個々の単位自体と，単位が標本抽出された

---

2)【訳注】ここでは 10 地点の変化に着目しているため，正しくは（2 つの年の平均に差がないという帰無仮説の下で）検定統計量は自由度 9 の t 分布に従う．

調査領域全体）である．単位解析では，個々の単位の解析結果を相互比較することが重要である．まず，各単位におけるトレンドの構造（トレンドが線形か非線形か）を検討する．最初に利用すべき有用な図が散布図である．調査地点ごとにパネルを分けた散布図を図 11.3 に示す．水銀濃度はほとんどの調査地点で時間とともに上昇しているように見えるが，トレンドの詳細は調査地点によって異なっている．たとえば，調査地点 89 では水銀濃度の経時変化がほとんど見られなかったのに対し，調査地点 90 では期間中にかなり大幅な水銀濃度の増加が見られた．また図 11.3 より，線形トレンドで構造変化を表すことは適切と考えられるため，次の段階では調査地点ごとに個別に線形回帰を行うことにする．

　水銀濃度と調査年の関係を表す線形な統計モデルは次のように与えられる．

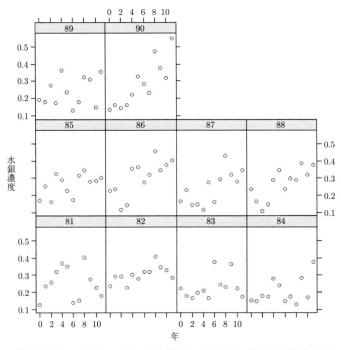

図 11.3　各調査地点における 12 年の調査期間の水銀濃度の散布図（調査地点には 81～90 の番号が付いている）．

$$merc\_conc_{ij} = \beta_{0,i} + \beta_{1,i}year_j + \epsilon_{ij}, \qquad (11.1)$$
$$i = 81, 82, \ldots, 90; j = 0, 1, \ldots, 11$$

ここで，$merc\_conc_{ij}$ は調査地点 i における j 年目の水銀濃度の測定値，$\beta_{0,i}$ と $\beta_{1,i}$ は調査地点 i の回帰線における y[3] の切片と傾き，ϵ_{ij} は各調査地点に関するモデルの誤差を表す．線形回帰分析では，モデルの誤差は平均 0，一定の分散 σ^2 を持つ正規分布に従うと仮定される．添字 i が付くことから，このモデルでは y の切片と傾きが調査地点ごとに異なっても構わない．実際には，各調査地点の切片は調査年 0 の水銀濃度，または各調査地点の基準となる水銀濃度を表す[4]．傾きは期待される 1 年当たりの濃度変化を説明しており，正の値は年間の変化がプラスであること，負の値は年間の変化がマイナスであること，0 に近い値は年間の変化がほとんどないことをそれぞれ表す．

　各サイトの線形回帰モデルを最小二乗法で当てはめた結果は，ほとんどのソフトウェアパッケージで容易に得られる．各調査地点の回帰モデルが推定されたら，標本抽出単位の切片と傾きの信頼区間を示すことで，個々の単位に関する合理的な結論と，標本抽出単位の母集団に関する概要を得ることができる．本研究の 10 ヶ所の調査地点における切片と傾き（「年」と表示）の 95% 信頼区間を図 11.4 に示す．

　図 11.4 の各パネルでは，横軸のゼロ点から垂線が伸びている．図 11.4 の左側のパネルでは，垂線は調査開始時の水銀濃度が 0 であることを示しており，したがって 82 番を除く全ての調査地点で調査開始時の水銀濃度は低かったことがわかる．84，87，90 番の調査地点では調査開始時に汚染水準が最も低く，82 番では最も高かったようである．図 11.4 の右側のパネルでは，その信頼区間が垂直の破線の右側にある調査地点（すなわち，82，86，87，88，90 番）は，調査期間中に統計的に有意な正のトレンドを示した地点である．水銀濃度が最も大きく上昇したのは調査地点 90 番であり，傾きの推定値が $\hat{\beta}_{1,90} = 0.0317$ であることから，平均水銀濃度は年に 0.0317 ppm ずつ増加していると推定さ

---

3) 【訳注】水銀濃度の測定値 $merc\_conc$ のこと．
4) 【訳注】切片の値が調査年 0 の水銀濃度を表すようにするためには，$year_j = j$ と設定することが必要である．

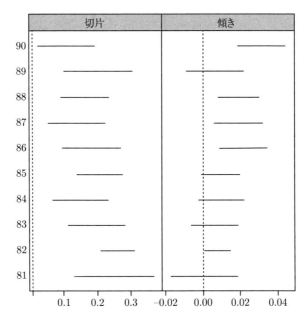

図11.4　水銀濃度データセットの各調査地点における切片と傾きの95%信頼区間.

れる. この結果から, 調査地点90番における10年間当たりの濃度上昇の期待
値は0.317 ppmとなるだろう.

　単位解析では個々の標本抽出単位の傾向を直接把握できるが, 調査地点の母
集団である調査領域全体の概要を把握する上でも有用である. こうした概要を
単位解析から得るためには, 各標本抽出単位の回帰パラメータの推定値を要約
すればよい. たとえば, 平均トレンドは次のように推定される.

$$\bar{\beta}_1 = \sum_{i=81}^{90} \frac{\hat{\beta}_{1,i}}{10} = 0.0131 \qquad (11.2)$$

ここで, $\bar{\beta}_1$ は調査地点の標本全体の平均トレンドを示す. つまり, 調査対象
領域では平均的に, 平均水銀濃度は1年当たり0.0131 ppmの速度で増加して
いると推定され, 10年間では0.131 ppmの濃度増加が期待される. 式 (11.2)
の推定値には必ず標本抽出による変動があり, このトレンドの95%信頼区間
は以下のように計算される.

$$\bar{\hat{\beta}} \pm t_{8,0.025} \mathrm{SE}\left(\bar{\hat{\beta}}\right) = \bar{\hat{\beta}} \pm 2.306 \times \frac{\mathrm{SD}\left(\hat{\beta}\right)}{\sqrt{10}}$$
$$= 0.0131 \pm 2.306 \times \frac{0.0094}{\sqrt{10}}$$
$$= 0.0131 \pm 0.0069 \tag{11.3}$$

ここで，SD $\left(\hat{\beta}\right)$ は 10 ヶ所の調査地点で得られた傾きの値の標本標準偏差を表す．これより，調査領域全体で期待される水銀濃度の年間増加量は 0.0062～0.0200 ppm と推定される．式（11.3）より，調査領域全体の推測には自由度 8 の t 分布が必要であることに注意してほしい[5]．標本抽出単位が 10 個，回帰パラメータが 2 個なので，自由度は $10-2=8$ と計算される．

この研究では，各調査地点が無作為に選択されているため標本抽出単位は独立であるものの，各調査地点で反復して測定が行われているため，調査地点内のデータは独立でないことに注意が必要である．もし，データの反復測定構造を無視して $n-2$ の自由度があるように解析を行うなら，120 個の観測値にまとめて以下のような 1 つの回帰モデルを当てはめることになる．

$$merc\_conc_{ij} = \beta_0 + \beta_1 year_j + \epsilon_{ij} \tag{11.4}$$

式（11.4）には共通の切片 β_0 と傾き β_1 が含まれる．得られた解析結果を表

表 11.1 データセット中の 120 個の観測値は全て独立であると誤って仮定した式（11.4）のモデルの解析結果の要約．

Coefficients:				
	Estimate	Std.Error	t value	Pr(>|t|)
(Intercept)	0.18641	0.01334	13.97	< 2e-16***
Year	0.01311	0.00205	6.38	3.6e-09***
–				

Significant codes: 0 '***' 0.001 '**' 0.01 '*' 0.05 '.' 0.1 ' ' 1
Residual standard error: 0.0777 on 118 degrees of freedom
Multiple R squared: 0.256; adjusted R squared: 0.25
F-statistic: 40.7 on 1 and 118 df, p value: 3.62e-09

注　**太字**はいずれも，標本抽出デザインを考慮すると誤って報告されているものである．

---

5) 【訳注】$t_{8,0.025}$ は自由度 8 の t 分布の上側 2.5% 点を表す．

11.1 に示す. 切片と傾きの全体推定値は単位解析で推定された切片と傾きそ
れぞれの標本平均値と同じだが, 報告されている標準誤差, t 値, p 値はいずれ
も, 真の標本サイズである 10 ではなく, 仮定された標本サイズである 120 に
基づいたものである. こうした誤りを犯すと, 本来よりも信頼区間が大幅に狭
まり, 結果を報告する際に第 1 種の過誤を生じる確率が高くなってしまう (つ
まり, 本当は有意ではないのに, 効果を統計的に有意であると結論してしまう
確率が, 設定した α の値よりもはるかに高くなる).

11.4　トレンドの併合解析

　前節では, 個々の標本抽出単位とこれらの抽出元である母集団全体に関する
推測を行う解析を取り上げた. トレンドの併合解析について説明する前に, ま
ず, 単位解析に基づく結論は併合解析でも支持される点に留意することが重要
である. 併合解析ではより洗練されたモデルが利用されるが, モデルが洗練さ
れたからといって話の内容が変わるわけではなく, 単に話の伝え方が変わるだ
けである.

　前節で推定された回帰モデルは, 式 (11.1) に示すサイト固有の回帰モデル
と, 式 (11.4) に示す母集団平均モデルの 2 種類である. 併合解析の議論を始
めるにあたり, 図 11.5 に示すように, 各調査地点でこれらのモデルを当てはめ
た結果を重ねてみよう. 調査地点ごとになぜトレンドが異なるのかを考える際
には, 湖底構造や魚類の多様性などの自然変動による違いを想定するだろう.
同様に, 調査地点ごとに異なるトレンド線は, 全体平均のトレンド線 (図 11.5
の各パネルに実線で示されたトレンド線) から無作為に変動したものとみなす
ことができる.

　代数的には, 直線は傾きと切片で特徴付けられる. したがって, 調査地点に
固有の切片と傾きを, それぞれ母集団平均の切片と傾きから無作為に変動した
ものとみなすことが妥当である. このように, 切片と傾きが無作為に変動する
という考え方に基づき, 併合解析では一般に混合モデルと呼ばれる手法を利用
する. 水銀データの混合モデルは次のように表される.

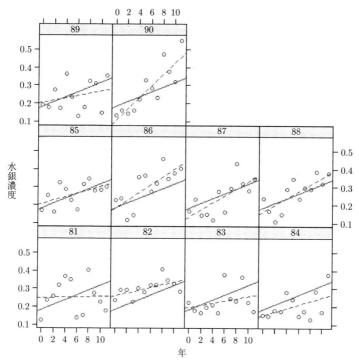

図 11.5 各調査年の水銀濃度について，調査地点ごとに当てはめた結果（破線）と母集団で平均化して当てはめた結果（実線）．

$$merc\_conc_{ij} = \beta_0 + \delta_{0,i} + \beta_1 year_j + \delta_{1,i} year_j + \epsilon_{ij}$$

$$= (\beta_0 + \delta_{0,i}) + (\beta_1 + \delta_{1,i}) year_j + \epsilon_{ij} \tag{11.5}$$

式（11.5）において，β_0 は母集団平均の切片，$\delta_{0,i}$ は i 番目の調査地点における β_0 からの無作為な変動を表す．基本的に，モニタリング開始年における調査領域全体の平均水銀濃度を表すのが β_0 であり，この母集団平均値からの i 番目の調査地点の偏差を表すのが $\delta_{0,i}$ である．同様に，式中の β_1 は調査領域全体の水銀濃度の年次変化の期待値を表し，$\delta_{1,i}$ は i 番目の調査地点の年次変化が母集団の平均変化とどのように異なるかを表す．線形混合モデルでは，$\delta_{0,i}$ は独立同分布に従う平均 0，分散 $\sigma_{\delta_0}^2$ の正規乱数であると仮定するのが一般的

である．変量傾き[6]も同様に仮定されるが，その分散は $\sigma_{\delta_1}^2$ で与えられる．モデル誤差[7]も平均 0，分散 σ_ϵ^2 の正規分布に従うと仮定される．最後の仮定として，変量切片[8]と変量傾きには相関があり，その相関パラメータを一般に ρ_{δ_0,δ_1} と表す．この研究の場合には，もし $\rho_{\delta_0,\delta_1} > 0$ なら，調査開始時に水銀濃度の高かった調査地点（$\delta_{0,i}$ で定量化される）では年次変化（$\delta_{1,i}$ で定量化される）が大きい傾向にあることを意味する．逆に，$\rho_{\delta_0,\delta_1} < 0$ であれば，調査開始時に水銀濃度の低かった調査地点は年次変化が大きいことになる．

式（11.5）を混合モデルと呼ぶ理由は，モデル内に固定効果（fixed effects）と変量効果（random effects）[9]の両方が含まれるからである．式中の固定効果は，母集団平均の項である β_0 と β_1 である．つまり，調査開始時の平均水銀濃度として固定値の未知量（すなわち β_0）があり，調査領域全体の年次トレンドとして固定値の未知量（すなわち β_1）がある．式中の変量効果は，標本抽出単位に固有の項である $\delta_{0,i}$ と $\delta_{1,i}$ である．これらが変量効果と呼ばれるのは，標本抽出単位ごとに固有の値を取り，標本抽出単位は調査領域全体から無作為に選ばれた場所であるからである．

式（11.5）のモデルは，全ての回帰パラメータ（すなわち β と δ）について線形であるため，一般に線形混合モデルと呼ばれる．この式には 3 つの変動要因が指定されていることに注意してほしい．すなわち，変量切片の変動 $\sigma_{\delta_0}^2$，変量傾きの変動 $\sigma_{\delta_1}^2$，残差の変動 σ_ϵ^2 の 3 つである．残差は標本抽出単位内の変動を表すと解釈できる．この標本抽出単位内の変動を理解するために，図 11.6 に示すように，調査地点 90 に関するデータに対してのみ回帰モデルを推定した状況を考えよう．図 11.6 の各点は正規分布からの実現値と仮定され，その変動は σ_ϵ^2（標本抽出単位内の変動）によって定量化される．図 11.6 の正規分布の分散は σ_ϵ^2 である．そのため，ある標本抽出単位（たとえば 90 番）のある

---

6)【訳注】random slope．この文脈では $\delta_{1,i}$ を指す．一般に，変量効果として指定される傾きの項を変量傾きと呼ぶ．

7)【訳注】残差項 ϵ_{ij} のこと．

8)【訳注】random intercept．この文脈では $\delta_{0,i}$ を指す．一般に，変量効果として指定される切片項を変量切片と呼ぶ．

9)【訳注】ランダム効果とも呼ばれる．

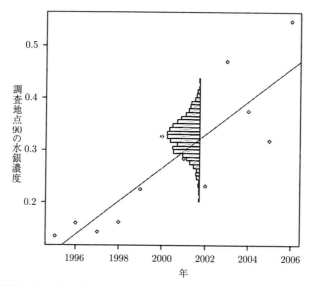

図11.6　調査地点90番に対する回帰モデルの当てはめ. 単位内変動の解釈を示す2002年の正規分布を重ねている.

年（たとえば2002年）の水銀濃度の値は，図11.6のような正規曲線の範囲内にあると期待される. このデータセットでは，2002年の水銀濃度は期待される値よりも低いと考えられる点に注意してほしい.

　各分散成分の推定値は，線形混合モデルを当てはめることで計算される. 最初に，変量切片モデル[10]と呼ばれるモデルを当てはめよう.

$$merc\_conc_{ij} = (\beta_0 + \delta_{0,i}) + \beta_1 year_j + \epsilon_{ij} \qquad (11.6)$$

式（11.6）のモデルと式（11.5）のモデルを比較すると，式（11.6）のモデルでは切片のみが標本抽出単位ごとに固有であるのに対し，式（11.5）では傾きと切片が標本抽出単位ごとに固有である. 式（11.6）のモデルの解析結果を表11.2に示しているが，表11.2の内容を解釈する前に，変量切片と変量傾きの両方を考慮した式（11.5）のモデルの解析結果（表11.3）を検討しよう.

---

10)【訳注】random intercept model. 切片にのみ変量効果が指定されたモデルのこと.

表 11.2　変量切片モデルを用いた線形混合効果解析に関する計算機の出力.

Linear Mixed-Effects Model Fit

	AIC	BIC	logLik	
	-251	-240	129	

Random Effects

Formula: ~ 1 | Station

	(Intercept)	Residual0		
Standard Deviation:	0.0222	0.0747		

Fixed Effects: merc_conc ~ year

	Value	Standard Error	t Value	p Value
(Intercept)	0.1864	0.01463	12.74	0
Year	0.0131	0.00198	6.63	0

表 11.3　変量係数モデルを用いた線形混合効果解析に関する計算機の出力.

Linear Mixed-Effects Model Fit

	AIC	BIC	logLik	
	-253.164	-236.54	132.582	

Random Effects

Formula: ~ year | Station

Structure: General positive-definite, Log-Cholesky parameterization

	StdDev	Corr		
(Intercept)	0.02939642	(Intr)		
Year	0.00735664	-0.8220		
Residual	0.07032382			

Fixed Effects: merc_conc ~ year

	Value	Standard Error	t Value	p Value
(Intercept)	0.1864092	0.01523949	12.23199	0
Year	0.0121057	0.00297831	4.40038	0

Correlation:

	(Intr)
Year	-0.811

　表11.2 と表11.3 に示す出力の最初の部分はモデルの適合度を表している．赤池情報量規準（AIC）はモデルを比較するための統計量として広く受け入れられており，その値は当てはまりの良いモデルほど低くなる．変量切片モデルと変量係数モデル[11] の AIC を比較すると（それぞれ表11.2，表11.3），変量係数モデルのほうが若干当てはまりがよいことがわかる．AIC の差が 2 単位より小さい場合，一般にモデルの適合度は同程度であると解釈される．次の部分では分散成分解析の要約が出力されており，「Random Effects」という見出しが付いている．変量係数モデルを当てはめた場合には，変量切片の推定標準偏差は $\hat{\sigma}_{\delta_0} = 0.0294$，変量傾きの推定標準偏差は $\hat{\sigma}_{\delta_1} = 0.0074$，残差の推定標準偏差は $\hat{\sigma}_\epsilon = 0.0703$ となる．

　表11.3 の「Random Effects」の部分では変量切片と変量傾きの相関が追加で推定されており，$\hat{\rho}_{\delta_0,\delta_1} = -0.8110$ となっている．この負の相関は，初期に水銀濃度の低い調査地点では調査期間中の年次変化が大きい傾向があることを示している．図11.7 に示すように，この結果は予測された変量切片と変量傾きの散布図を見ることで確認できる．

　式（11.5）から推定される応答変数 $merc\_conc_{ij}$ の全分散の推定値は次のように与えられる．

$$\widehat{\mathrm{Var}}(merc\_conc_{ij}) = \hat{\sigma}_{\delta_0}^2 + 2\hat{\sigma}_{\delta_0,\delta_1}year_j + \hat{\sigma}_{\delta_1}^2 year_j^2 + \hat{\sigma}_\epsilon^2 \qquad (11.7)$$

この計算の詳細については Myers et al.（2010）を参照してほしい．$\hat{\sigma}_{\delta_0,\delta_1} = \hat{\rho}_{\delta_0,\delta_1}\hat{\sigma}_{\delta_0}\hat{\sigma}_{\delta_1}$ である．この式を用いれば，最初の調査年における調査地点の推定分散を次のように求められる．

$$\widehat{\mathrm{Var}}(merc\_conc_{ij} \mid year = 0) = \hat{\sigma}_{\delta_0}^2 + 2\hat{\sigma}_{\delta_0,\delta_1} \times 0 + \hat{\sigma}_{\delta_1}^2 \times 0 + \hat{\sigma}_\epsilon^2$$
$$= 0.0294^2 + 0.0703^2 = 0.0058 \qquad (11.8)$$

ここで，$\hat{\sigma}_{\delta_0,\delta_1}$ は次のように計算される．$\hat{\sigma}_{\delta_0,\delta_1} = -0.8110 \times 0.0294 \times 0.0074$．調査地点における水銀濃度の変動の推定値を活用する方法の 1 つとして，応答変数の変動のうち，調査地点をまたぐ変動（調査地点間の変動 δ_{0i} と δ_{1i}）と調

---

11)【訳注】random coefficient model. 切片と傾きの両方に変量効果が指定されたモデルのこと．

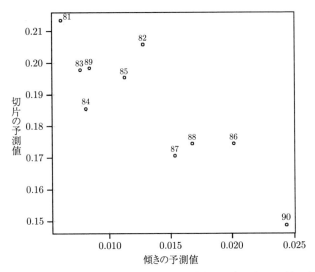

図11.7　研究データから予測された切片と傾きの散布図. 負の相関関係は表11.3の結果 $\hat{\rho}_{\delta_0, \delta_1} = -0.8220$ と矛盾しない.

査地点をまたがない変動（調査地点内の変動 ϵ_{ij}）のそれぞれに起因する変動の大きさを判断することが挙げられる.

　ある年の応答変数の変動のうち，調査地点間の変動に起因する割合は次の通りである.

$$\text{調査地点間の変動の割合} = \frac{\hat{\sigma}_{\delta_0}^2 + 2\hat{\sigma}_{\delta_0, \delta_1} year_j + \hat{\sigma}_{\delta_1}^2 year_j^2}{\hat{\sigma}_{\delta_0}^2 + 2\hat{\sigma}_{\delta_0, \delta_1} year_j + \hat{\sigma}_{\delta_1}^2 year_j^2 + \hat{\sigma}_\epsilon^2} \quad (11.9)$$

たとえば調査開始年（つまり，$year_j = 0$）では，応答変数の変動のうちサイト間の変動に起因する割合は次のように推定される.

$$\frac{0.0294^2}{(0.0294^2 + 0.0703^2)} = 0.1487$$

サイト間変動とサイト内変動のそれぞれに起因する変動割合を知ることは，将来の標本抽出の努力量配分を検討する上で有用である.

　母集団の全体トレンドに加えて，各標本抽出単位で観測された個別のトレンドを記述することがトレンド解析の主な目的の1つであることを思い出してほ

表11.4 水銀濃度データの線形混合モデル（変量係数モデル）で予測された切片と傾き.

調査地点	切片	傾き
81	0.2133	0.0061
82	0.2056	0.0128
83	0.1977	0.0077
84	0.1856	0.0081
85	0.1953	0.0113
86	0.1744	0.0201
87	0.1707	0.0154
88	0.1745	0.0168
89	0.1982	0.0085
90	0.1488	0.0244

しい．式（11.5）で示されるモデルから，i 番目の調査地点の水銀濃度の予測は次のように与えられる．

$$merc\_conc_{ij} = (\hat{\beta}_0 + \hat{\delta}_{0,i}) + (\hat{\beta}_1 + \hat{\delta}_{1,i})year_j \qquad (11.10)$$

式（11.10）の $\hat{}$ 表記は，式（11.5）の未知パラメータを解析に基づく推定値に置き換えることを示している．$\hat{\beta}_0$ と $\hat{\beta}_1$ の値はそれぞれ，調査領域全体（すなわち，標本抽出単位の母集団）の調査開始年の推定水銀濃度と年次変化率を表すことを思い出してほしい．水銀濃度データの $\hat{\beta}_0$ と $\hat{\beta}_1$ の値は，表11.3 の「Fixed Effects」の部分より $\hat{\beta}_0 = 0.1864$，$\hat{\beta}_1 = 0.0131$ である．これらの推定値は，式（11.2）の単位ごとの切片と傾きの標本平均を取ることで得られる推定値と正確に同じであることに注意されたい．また，$\hat{\beta}_1$ の推定標準誤差は 0.0030 と報告されているが，この値は，単位解析において式（11.3）の $\hat{\beta}_1$ について計算された標準誤差と同じである．

各標本抽出単位の予測式を得るためには，これら $\hat{\beta}_0$ と $\hat{\beta}_1$ の予測値と $\hat{\delta}_{i,0}$ と $\hat{\delta}_{i,1}$ の予測値が必要である．調査地点90のトレンド予測式は次のように与えられる．

$$merc\_conc_{90,j} = (\hat{\beta}_0 + \hat{\delta}_{0,90}) + (\hat{\beta}_1 + \hat{\delta}_{1,90})year_j$$

トレンドが最も小さかった調査地点（81番）のトレンド予測式は次のように与えられる．

$$merc\_conc_{81,j} = (\hat{\beta}_0 + \hat{\delta}_{0,81}) + (\hat{\beta}_1 + \hat{\delta}_{1,81})year_j$$

表 11.4 の情報を用いて，これらは次のように表される．

$$merc\_conc_{90,j} = 0.1488 + 0.0244 \times year_j$$
$$merc\_conc_{81,j} = 0.2133 + 0.0061 \times year_j$$

これより，調査領域全体で期待される水銀濃度の年次変化量は $0.0061\sim0.0244$ ppm だとわかる．

11.5 モデルの妥当性の検証

　モデルを当てはめる解析では，提案モデルが背景にある真の母集団過程を良く近似できていること，および解析に用いた仮定が成立していることの確認が重要である．

　モデルが適切かどうかを確認する方法の 1 つは，モデルの残差を見ることである．この例のような線形回帰モデルでは，モデルの残差は正規分布に従わなくてはならない．しかし，ここでは線形混合モデルを用いているため，正規性を確認する必要のあるモデル要素が他にも 2 つある．それは変量傾きと変量切片である．傾きと切片の係数の予測値の正規 Q-Q プロットを図 11.8 に示す．どちらの図の線も直線に見えるので，切片と傾きの正規性の仮定は満たされている．

　データ構造を考慮すると，モデル残差の正規性の確認では各調査地点の残差を調べる必要がある．図 11.9 では各調査地点の残差を箱ひげ図で示した．ここでは残差の正規性の仮定を心配する理由はないと思われる．

　もう 1 つの確認方法は，図 11.10 のように，各調査地点の適合値に対して標準化残差（standardized residual, 残差をその標準偏差で割ったもの）を図示することである．この図では，残差が上昇トレンドや下降トレンドのない無作為な変動をしているかどうか，また，適合値の範囲内で均等に変動しているかどうかを確認する．無作為なパターンではない場合，たとえば，適合値が大きいほど変動が大きくなる漏斗状のパターンが見られた場合には，モデルを見直す必要があると考えられる．こうした漏斗状のパターンに対しては，生データ

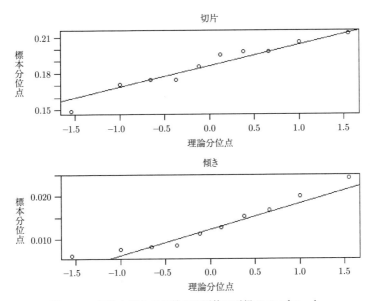

図 11.8 切片と傾きの係数の予測値の正規 Q-Q プロット.

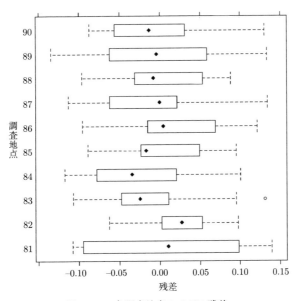

図 11.9 各調査地点のモデル残差.

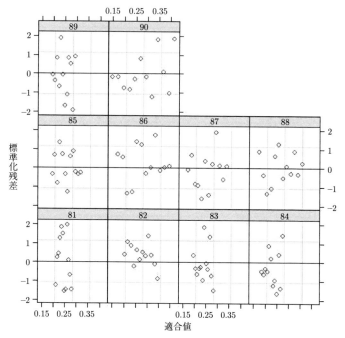

図 11.10　適合値に対して図示した各調査地点の標準化残差.

の変換によって適切に解決できる場合や，一般化線形モデルを用いたより高度
な解析が必要となる場合がありうる．図 11.10 を見る限り，今回の研究では，
パターンが無作為でないことを示す手がかりは見当たらない．

　標準化残差は異常な観測値を容易に検出できるため，この類の解析ではよく
利用されている．標準化残差の大部分は −3 から 3 の範囲にあるはずであり，
この範囲にない値については慎重に検討する必要がある．外れ値のデータ点
は，簡単に修正できるコーディングエラーによって生じているのかもしれない
し，モデルに何らかの問題があることを示唆するのかもしれない．

11.6　要約

　本章では，1995 年から 2006 年までの毎年，湖沼内の 10 ヶ所の調査地点で測

定した魚の組織の水銀濃度（単位：ppm）の研究を例に，トレンドを評価する方法について説明した．このデータセットには標本単位（調査地点）から経時的に反復してデータが収集されているという特徴があり，こうしたデータセットは反復測定データと呼ばれている．

まず，任意の2時点の間の差に関する検定を検討した．次に，トレンドの単位解析として，10ヶ所の調査地点ごとに個別の線形回帰分析を行った．全ての調査地点の平均を取ることで，平均水銀濃度とその信頼区間を推定した．続いて，調査領域全体の推測を標本に基づいて行うために併合解析のアプローチを検討した．調査地点を変量効果，年を固定効果とした線形混合モデルを用いて，10ヶ所の調査地点におけるトレンド線の傾きと切片の変動をモデルで明示的に考慮した．その結果，初期の水銀濃度と濃度の上昇率には調査地点ごとにばらつきがあり，ほとんど変化が見られない調査地点もあることがわかった．また，初期の水銀濃度が高い調査地点では，初期の水銀濃度が低い調査地点に比べて，水銀濃度の上昇率が低い傾向にあった．

この例のデータセットは，トレンドを評価する上での線形混合モデルの有用性を示している．この例では各調査地点で同数の反復測定が行われており，データは釣合っていたが，線形混合モデルは釣合いの取れていないデータやより複雑な入れ子の実験計画にも適用できる．より複雑な入れ子構造の例としては，毎年4季節にわたって調査が行われ，各季節では複数の月，各月では複数の日に調査が行われる場合などが挙げられる．このモデルをさらに拡張して，正規分布に従わないデータに対応することも可能である．こうした拡張では，一般化線形混合モデル（generalized linear mixed model）と呼ばれるより柔軟なモデルクラスが利用される（Myers et al., 2010）．

文　献

Abrahamson, I.L., Nelson, C.R., and Affleck, D.L.R. (2011). Assessing the performance of sampling designs for measuring the abundance of understory plants. *Ecological Applications* 21: 452–464.

Acharya, B. Bhattarai, G., de Gier, A., and Stein, A. (2000). Systematic adaptive cluster sampling for the assessment of rare tree species in Nepal. *Forest Ecology and Management* 137: 65–73.

Aerts, R., November, E., Van der Borght, I., Behailu, M., Hermy, M., and Muys, B. (2006). Effects of pioneer shrubs on the recruitment of the fleshy-fruited tree *Olea europaea* ssp. *cuspidata* in Afromontane savanna. *Applied Vegetation Science* 9: 117–126.

Agresti, A. (1994). Simple capture-recapture models permitting unequal catchability and variable sampling effort. *Biometrics* 50: 494–500.

Alho, J.M. (1990). Logistic regression in capture-recapture models. *Biometrics* 46: 623–635.

Akaike, H. (1973). Information theory and an extension of the maximum likelihood principle. In: B.N. Petrov and F. Csaki (Eds.), *Second International Symposium on Information Theory*. Akademiai Kiado, Budapest, pp. 267–281.

Amstrup, S.C., McDonald, T.L., and Manly, B.F.J. (2005). *Handbook of Capture–Recapture Analysis*. Princeton University Press, Princeton, NJ and Oxford.

Anderson, D.R. and Pospahala, R.S. (1970). Correction of bias in belt transect studies of immotile objects. *Journal of Wildlife Management* 34: 141–146.

Anderson, D.R., Burnham, K.P., and White, G.C. (1994). AIC model selection in over-dispersed capture-recapture data. *Ecology* 75: 1780–1793.

Applegate, D.L., Bixby, R.E., Chvátal, V., and Cook, W.J. (2006). *The Traveling Salesman Problem. A Computational Study*. Princeton University Press, Princeton, NJ.

Arabkhedri, M., Lai, F.S., Noor-Akma, I., and Mohamad-Roslan, M.K. (2010). An application of adaptive cluster sampling for estimating total suspended sediment load. *Hydrology Research* 41: 63–73.

Arnason, A.N., Shar, L., Neilson, D., and Boyer, G. (1998). *RUNPOPAN. Installation and User's Manual for Running POPAN-5 on IBM PC Microcomputers under Windows 3.1/32S, 95, and NT*. Scientific Report. Department of Computer Science, University of Manitoba, Winnipeg, Canada.

Assunção, R. (1994). Testing spatial randomness by means of angles. *Biometrics* 50: 531–537.

Assunção, R.M. and Reis, I.A. (2000). Testing spatial randomness: a comparison between T^2 methods and modifications of the angle test. *Brazilian Journal of Probability and Statistics* 14: 71–86.

Bailey, L.L., Simons, T.R., and Pollock, K.H. (2004). Estimating site occupancy and species detection probability parameters for terrestrial salamanders. *Ecological Applications* 14: 692–702.

Baillargeon, S. and Rivest, L.-P. (2007). Rcapture: loglinear models for capture-recapture in R. *Journal of Statistical Software*, 19: 1–31.

Baillargeon, S. and Rivest, L.-P. (2012). *Rcapture: Loglinear Models for Capture-Recapture Experiments, R Package Version 1.3-1.* CRAN.R-project.org/package=Rcapture.

Barabesi, L. (2001). A design-based approach to the estimation of plant density using point-to-plant sampling. *Journal of Agricultural, Biological and Environmental Statistics* 6: 89–98.

Barbraud, C., Nichols, J.D., Hines, J.E., and Hafner, H. (2003). Estimating rates of local extinction and colonization in colonial species and an extension to the metapopulation and community levels. *Oikos* 101: 113–126.

Barlow, J. and Sexton, S. (1996). *The Effect of Diving and Searching Behavior on the Probability of Detecting Track-Line Groups, g_0, of Long-Diving Whales during Line-Transect Surveys.* Administrative Report LJ-96-14. Available from NMFS Southwest Fisheries Science Center, P.O. Box 271, LaJolla, California 92038. 21 pp.

Barrios, B., Arellano, G., and Koptur, S. (2011). The effects of fire and fragmentation on occurrence and flowering of a rare perennial plant. *Plant Ecology* 212: 1057–1067.

Bearer, S., Linderman, M., Huang, J., An, L., He, G., and Liu, J. (2008). Effects of fuelwood collection and timber harvesting on giant panda habitat use. *Biological Conservation* 141: 385–393.

Besag, J.E. and Gleaves, J.T. (1973). On the detection of spatial pattern in plant communities. *Bulletin of the International Statistical Institute* 45: 153–158.

Borchers, D.L., Zucchini, W., and Fewster, R.M. (1988). Mark-recapture models for line transect surveys. *Biometrics* 54: 1207–1220.

Bostoen, K., Chalabi, Z., and Grais, R.F. (2007). Optimisation of the T-square sampling method to estimate population sizes. *Emerging Themes in Epidemiology* 4: 7.

Breidt, F.J. (1995). Markov chain designs for one-per-stratum sampling. *Survey Methodology* 21: 63–70.

Brown, J.A. (1999). A comparison of two adaptive sampling designs. *Australia and New Zealand Journal of Statistics* 41: 395–404.

Brown, J.A. (2003). Designing an efficient adaptive cluster sample. *Environmental and Ecological Statistics* 10: 95–105.

Brown, J.A. (2011). Adaptive sampling of ecological populations. In: Y. Rong (Ed.), *Practical Environmental Statistics and Data Analysis.* ILM, Hertfordshire, UK, pp. 81–95.

Brown, J.A. and Manly, B.F.J. (1998). Restricted adaptive cluster sampling. *Environmental and Ecological Statistics* 5: 49–63.

Brown, J.A., Salehi, M.M., Moradi, M., Bell, G., and Smith, D.R. (2008). An adaptive two-stage sequential design for sampling rare and clustered populations. *Population Ecology* 50: 239–245.

Brown, J.A., Salehi, M.M., Moradi, M., Panahbehagh, B., and Smith, D.R. (2012). Adaptive survey designs for sampling rare and clustered populations. *Mathematics and Computers in Simulation* 93: 108–116.

Brown, V., Jacquier, G., Coulombier, D., Balandine, S., Belanger, F., and Legros, D. (2001). Rapid assessment of population size by area sampling in disaster situations. *Disasters* 25: 164–171.

Brownie, C., Anderson, D.R., Burnham, K.P., and Robson, D.S. (1985). *Statistical Infer-*

ence from Band Recovery Data—A Handbook. U.S. Fish and Wildlife Service Resource Publication 156. U.S. Fish and Wildlife Service, Washington, DC.

Buckland, S.T., Anderson, D.R., Burnham, K.P., Laake, J.L., Borchers, D.L., and Thomas, L. (2001*). Introduction to Distance Sampling.* Oxford University Press, Oxford.

Buckland, S.T., Anderson, D.R., Burnham, K.P., Laake, J.L., Borchers, D.L., and Thomas, L. (2004). *Advanced Distance Sampling.* Oxford University Press, Oxford.

Buckland, S.T., Laake, J.L., and Borchers, D.L. (2010). Double-observer line transect methods: Levels of independence. *Biometrics* 66: 169-177.

Burnham, K.P. and Anderson, D.R. (1992). Data-based selection of an appropriate biological model: the key to modern data analysis. In D.R. McCullogh and R.H. Barrett (Eds.), *Wildlife 2001.* Elsevier Applied Science, London, pp. 16–30.

Burnham, K.P. and Anderson, D.R. (2002). *Model Selection and Multimodel Inference: A Practical Information-Theoretic Approach,* 2nd edition. Springer-Verlag, New York.

Burnham, K.P. and Overton, W.S. (1978). Estimation of the size of a closed population when capture probabilities vary among animals. *Biometrika* 65: 625–633.

Burnham, K.P., Anderson, D.R., and Laake, J.L. (1980). Estimation of density from line transect sampling of biological populations. *Wildlife Monographs* 72: 3–202.

Burnham, K.P., Anderson, D.R., and White, G.C. (1994). Evaluation of the Kullback-Leibler discrepancy for model selection in open population capture-recapture models. *Biometrical Journal* 36: 299–315.

Burnham, K.P., White, G.C., and Anderson, D.R. (1995). Model selection strategy in the analysis of capture-recapture data. *Biometrics* 51: 888–898.

Burnham, K.P., Anderson, D.R., White, G.C., Brownie, C., and Pollock, K.H. (1987). *Design and Analysis Methods for Fish Survival Experiments Based on Release-Recapture.* American Fisheries Society, Bethesda, MD.

Byers, J.E., Reichard, S., Randall, J.M., Parker, I.M., Smith, C.S., Lonsdale, W.M., Atkinson, I.A.E., Seastedt, T.R., Williamson, M., Chornesky, E., and Hayes, D. (2002). Directing research to reduce the impacts of nonindigenous species. *Conservation Biology* 16: 630–640.

Byth, K. (1982). On robust distance-based intensity estimators. *Biometrics* 38: 127–135.

Casella, G. and Berger, R.L. 2001. *Statistical Inference,* 2nd edition. Pacific Grove, Duxbury, CA.

Catana, A.J., Jr. (1963). The wandering quarter method of estimating population density. *Ecology* 44: 349–360.

Chaloner, K. and Verdinelli, I. (1995). Bayesian experimental design: a review. *Statistical Science* 10: 273–304.

Chao, A. (1987). Estimating the population size for capture-recapture data with unequal catchability. *Biometrics* 43: 783–791.

Chao, A. and Huggins, R.M. (2005a). Classical closed-population capture-recapture models. In: S.C. Amstrup, T.L. McDonald, and B.F.J. Manly (Eds.), *Handbook of Capture-Recapture Analysis.* Princeton University Press, Princeton, NJ, pp. 58–87.

Chao, A. and Huggins, R.M. (2005b). Modern closed-population capture-recapture models. In: S.C. Amstrup, T.L. McDonald, and B.F.J. Manly (Eds.), *Handbook of*

Capture-Recapture Analysis. Princeton University Press, Princeton, NJ, pp. 22–35.

Chao, A. and Yang, H.-C. (2003). *Program CARE-2 (for Capture-Recapture Part 2)*. *Program and User's Guide*. Available at http//chao.stat.nthu.edu.tw.

Chao, A., Yip, P.S.F., Lee, S.-M., and Chu, W. (2001). Population size estimation based on estimating functions for closed capture-recapture models. *Journal of Statistical Planning and Inference* 92: 213–232.

Chapman, D.G. (1951). Some properties of the hypergeometric distribution with applications to zoological sample censuses. *University of California Publications in Statistics* 1: 131–159.

Christman, M.C. and Lan, F. (2001). Inverse adaptive cluster sampling. *Biometrics* 57: 1096–1105.

Cochran, W.G. (1977) *Sampling Techniques*, 3rd edition, Wiley, New York.

Coggins, S.B., Coops, N.C., and Wulder, M.A. (2011). Estimates of bark beetle infestation expansion factors with adaptive cluster sampling. *International Journal of Pest Management* 57: 11–21.

Conners, M.E. and Schwager, S.J. (2002). The use of adaptive cluster sampling for hydroacoustic surveys. *ICES Journal of Marine Science* 59: 1314–1325.

Cormack, R.M. (1964). Estimates of survival from the sighting of marked animals. *Biometrika* 51: 429–438.

Cormack, R.M. (1989). Loglinear models for capture-recapture. *Biometrics* 45: 395–413.

Cottam, G. (1947). A point method for making rapid surveys of woodlands (Abstract). *Bulletin of the Ecological Society of America* 28: 60.

Cottam, G., Curtis, J.T., and Catana, A.J., Jr. (1957). Some sampling characteristics of a series of aggregated populations. *Ecology* 38: 610–622.

Cottam, G., Curtis, J.T., and Hale, B.W. (1953). Some sampling characteristics of a population of randomly dispersed individuals. *Ecology* 34: 741–757.

Davis J.G., Cook S.B., and Smith, D.D. (2011). Testing the utility of an adaptive cluster sampling method for monitoring a rare and imperiled darter. *North American Journal of Fisheries Management* 31:1123–1132.

Díaz-Gamboa, R. (2009). Relaciones tróficas de los cetáceos teutófagos con el calamar gigante *Dosidicus gigas* en el Golfo de California. PhD dissertation [in Spanish]. CICIMAR IPN, México. 103 pp.

Diggle, P.J. (2003). *Statistical Analysis of Spatial Point Patterns*, 2nd edition. Arnold, London.

Dixon, W.J. and Massey, F.J. (1983). *Introduction to Statistical Analysis*. McGraw-Hill, New York.

Drummer, T.D., Degange, A.R., Pank, L.L., and McDonald, L.L. (1990). Adjusting for group size influence in line transect sampling. *Journal of Wildlife Management* 54: 511–514.

Drummer, T.D. and McDonald, L.L. (1987). Size bias in line transect sampling. *Biometrics* 43: 13–21.

Edwards, D. (1998). Issues and themes for natural resources trend and change detection. *Ecological Applications* 8: 323–325.

Efford, M.G. (2012). *DENSITY 5.0: Software for Spatially Explicit Capture-Recapture*.

Department of Mathematics and Statistics, University of Otago, Dunedin, New Zealand. Available at http://www.otago.ac.nz/density.

Efford, M.G., Dawson, D.K., and Robbins, C.S. (2004). DENSITY: software for analysing capture-recapture data from passive detector arrays. *Animal Biodiversity and Conservation* 27: 217–228.

Efford, M.G. and Fewster, R.M. (2013). Estimating population size by spatially explicit capture-recapture. *Oikos* 122: 918–928.

Efron, B. and Tibshirani, R.J. (1993). *An Introduction to the Bootstrap*. Chapman and Hall, New York.

Engeman, R.M., Sugihara, R.T., Pank, L.F., and Dusenberry, W.E. (1994). A comparison of plotless density estimators using Monte Carlo simulation. *Ecology* 75: 1769–1779.

ErfaniFard, Y., Fegghi, J. Zobeiri, M., and Namiranian, M. (2008). Comparison of two distance methods for forest spatial pattern analysis (case study: Zagros forests of Iran). *Journal of Applied Sciences* 8: 152–157.

Exeter Software. (2009). *Ecological Methodology, Version 7.0*. Exeter Software, Setauket, NY.

Fancy, S.G., Gross, J.E., and Carter, S.L. (2009). Monitoring the condition of natural resources in US national parks. *Environmental Monitoring and Assessment* 151: 161–174.

Fewster, R.M, Buckland, S.T, Burnham, K.P., Borchers, D.L., Jupp, P.E., Laake, J.L., and Thomas, L. (2009). Estimating the encounter rate variance in distance sampling. *Biometrics* 65: 225–236.

Fisher, R.A. and Ford, E.B. (1947). The spread of a gene in natural conditions in a colony of the moth *Panaxia dominula* L. *Heredity* 1: 143–174.

Fiske, I. and Chandler, R. (2011). Unmarked: an R package for fitting hierarchical models of wildlife occurrence and abundance. *Journal of Statistical Software* 43: 1–23.

Francis, R.I.C.C. (1984). An adaptive strategy for stratified random trawl surveys. *New Zealand Journal of Marine and Freshwater Research* 18: 59–71.

Gattone, S.A. and Di Battista, T. (2011). Adaptive cluster sampling with a data driven stopping rule. *Statistical Methods and Applications* 20: 1–21.

Gerrard, D.J. (1969). *Competition Quotient: A New Measure of the Competition Affecting Individual Forest Trees*. Research Bulletin 20. Agricultural Experiment Station, Michigan State University, East Lansing.

Goldberg, N.A., Heine, J.N., and Brown, J.A. (2007). The application of adaptive cluster sampling for rare subtidal macroalgae. *Marine Biology* 151: 1343–1348.

Grais, R.F., Coulombier, D., Ampuero, J., Lucas, M.E.S., Barretto, A.T., Jacquier, G., Diaz, F., Balandine, S., Mahoudeau, C., and Brown, V. (2006). Are rapid population estimates accurate? A field trial of two different assessment methods. *Disasters* 30: 364–376.

Guillera-Arroita, G., Ridout, M.S., and Morgan, B.J.T. (2010). Design of occupancy studies with imperfect detection. *Methods in Ecology and Evolution* 1: 131–139.

Hall, P., Melville, G., and Welsh, A.H. (2001). Bias correction and bootstrap methods for a spatial sampling scheme. *Bernoulli* 7: 829–846.

Halton, J.H. (1960). On the efficiency of certain quasi-random sequences of points in evaluating multi-dimensional integrals. *Numerische Mathematik* 2: 84–90.

Hanselman, D.H., Quinn, T.J.II, Lunsford, C., Heifetz, J., and Clausen, D. (2003). Applications in adaptive cluster sampling of Gulf of Alaska rockfish. *Fishery Bulletin* 101: 501–513.

Harbitz, A., Ona, E., and Pennington, M. (2009). The use of an adaptive acoustic-survey design to estimate the abundance of highly skewed fish populations. *ICES Journal of Marine Science* 66: 1349–1354.

Hayne, D.W. (1949). An examination of the strip census method for estimating animal populations. *Journal of Wildlife Management* 13: 145–157.

Henderson, A. (2009). Using the T-square sampling method to estimate population size, demographics and other characteristics in emergency food security assessments (EFSAs). Emergency Food Security Assessments (EFSAs), Technical guidance sheet no. 11. World Food Programme, Rome.

Hines, W.G.S. and O'Hara Hines, R.J. (1979). The Eberhardt statistic and the detection of nonrandomness of spatial point distributions. *Biometrika* 66: 73–79.

Hornbach, D.L., Hove, M.C., Dickinson, B.D., MacGregor, K.R., and Medland, J.R. (2010). Estimating population size and habitat associations of two federally endangered mussels in the St. Croix River, Minnesota and Wisconsin, USA. *Aquatic Conservation: Marine and Freshwater Ecosystems* 20: 250–260.

Horvitz, D.G. and Thompson, D.J. (1952). A generalization of sampling without replacement from a finite universe. *Journal of the American Statistical Association* 47: 663–685.

Huggins, R.M. (1989). On the statistical analysis of capture experiments. *Biometrika* 76: 133–140.

Huggins, R.M. (1991). Some practical aspects of a conditional likelihood approach to capture experiments. *Biometrics* 47: 725–732.

Huggins, R. and Hwang, W.-H. (2011). A review of the use of conditional likelihood in capture-recapture experiments. *International Statistical Review* 79: 385–400.

Jackson, C.H.N. (1939). The analysis of an animal population. *Journal of Animal Ecology* 8: 238–246.

Jackson, C.H.N. (1940). The analysis of a tsetse-fly population. *Annals of Eugenics* 10: 332–369.

Jackson, C.H.N. (1943). The analysis of a tsetse-fly population. II. *Annals of Eugenics* 12: 176–205.

Jackson, C.H.N. (1947). The analysis of a tsetse-fly population. III. *Annals of Eugenics* 14: 91–108.

Jolly, G.M. (1965). Explicit estimates from capture-recapture data with both death and immigration-stochastic model. *Biometrika* 52: 225–247.

Jolly, G.M. and Hampton, I. (1990). A stratified random transect design for acoustic surveys of fish stocks. *Canadian Journal of Fisheries and Aquatic Sciences* 47: 1282–1291.

Kelker, G.H. (1940). Estimating deer populations by a differential hunting loss in the sexes. *Proceedings of the Utah Academy of Sciences, Arts and Letters* 17: 65–69.

Kelker, G.H. (1944). Sex ratio equations and formulas for determining wildlife populations. *Proceedings of the Utah Academy of Sciences, Arts and Letters* 19–20: 189–198.

Kendall, W.L. and White, G.C. (2009). A cautionary note on substituting spatial subunits for repeated temporal sampling in studies of site occupancy. *Journal of Applied Ecology* 46: 1182–1188.

Kenkel, N.C., Juhász-Nagy, P., and Podani, J. (1989). On sampling procedures in population and community ecology. *Vegetatio* 83: 195–207.

Kitanidis, P.K. (1997). *Introduction to Geostatistics: Applications in Hydrogeology*. Cambridge University Press, Cambridge.

Kleinn, C. and Vilčko, F. (2006). A new empirical approach for estimation in *k*-tree sampling. *Forest Ecology and Management* 237: 522–533.

Krebs, C.J. (1999). *Ecological Methodology*, 2nd edition. Benjamin Cummings, Menlo Park, CA.

Laake, J., Borchers, D., Thomas, L., Miller D., and Bishop, J. (2013). *mrds: Mark-Recapture Distance Sampling*. R package version 2.1.2. http://CRAN.R-project.org/package=mrds.

Lamacraft, R.R., Friedel, M.H., and Chewings, V.H. (1983). Comparison of distance based density estimates for some arid rangeland vegetation. *Australian Journal of Ecology* 8: 181–187.

Lancia, R.A., Pollock, K.H., Bishir, J.W., and Conner, M.C. (1988). A white-tailed deer harvesting strategy. *Journal of Wildlife Management* 52: 589–595.

Laplace, P.S. (1786). Sur les naissances, les mariages et les morts a Paris, despuis 1771 jusqu'en 1784, et dans toute l'etendue de La France, pendant les anneés 1781 et 1782. *Memoires de L' Academie Royale des Sciences de Paris*. In: *Oeuvres Complétes de Laplace publiees sus les auspices de L'Academie de Sciences par MM. Les Secretaries Perpétuels. Tome Onziéme*. Paris: Gauthier-Villars, 1895, pp. 35–46. ftp://ftp.bnf.fr/007/N0077599_PDF_1_-1DM.pdf.

Lebreton, J.-D., Burnham, K.P., Clobert, J., and Anderson, D.R. (1992). Modeling survival and testing biological hypotheses using marked animals: a unified approach with case studies. *Ecological Monographs* 62: 67–118.

Lebreton, J.-D. and North, P.M. (Eds.). (1993). *Marked Individuals in the Study of Bird Populations*. Birkhauser Verlag, Basel.

Lee, S.-M. and Chao, A. (1994). Estimating population size via sample coverage for closed capture-recapture models. *Biometrics* 50: 88–97.

Lele, S.R., Moreno, M., and Bayne, E. (2012). Dealing with detection error in site occupancy surveys: what can we do with a single survey? *Journal of Plant Ecology* 5: 22–31.

Leslie, P.H. and Chitty, D. (1951). The estimation of population parameters from data obtained by means of the capture-recapture method: I. The maximum likelihood equations for estimating the death-rate. *Biometrika* 38: 269–292.

Leslie, P.H., Chitty, D., and Chitty, H. (1953). The estimation of population parameters from data obtained by means of the capture-recapture method: III. An example of the practical applications of the method. *Biometrika* 40: 137–169.

Lincoln, F.C. (1930).*Calculating Waterfowl Abundance on the Basis of Banding Returns.* United States Department of Agriculture Circular No. 118. U.S. Department of Agriculture, Washington, DC.

Liu, Y., Chen, Y., Cheng, J., and Lu, J. (2011). An adaptive sampling method based on optimized sampling design for fishery-independent surveys with comparisons with conventional designs. *Fisheries Science* 77: 467–478.

Lo, N.C.H., Griffith, D., and Hunter, J.R. (1997). Using a restricted adaptive cluster sampling to estimate Pacific hake larval abundance. *California Cooperative Oceanic Fisheries Investigations Reports* 38: 103–113.

Lohr, S.L. (2010). *Sampling: Design and Analysis*, 2nd edition. Brooks/Cole, Stamford, CT.

Ludwig, J.A. and Reynolds, J.F. (1988). *Statistical Ecology: A Primer on Methods and Computing.* Wiley, New York.

MacKenzie, D.I., Nichols, J.D., Hines, J.E., Knutson, M.G., and Franklin, A.B. (2003). Estimating site occupancy, colonization, and local extinction when a species is detected imperfectly. *Ecology* 84: 2200–2207.

MacKenzie, D.I., Nichols, J.D., Lachman, G.B., Droege, S., Royle, J.A., and Langtimm, C.A. (2002). Estimating site occupancy rates when detection probabilities are less than one. *Ecology* 83: 2248–2255.

MacKenzie, D.I., Nichols, J.D., Royle, J.A., Pollock, K.H., Bailey, L.L., and Hines, J.E. (2006). *Occupancy Estimation and Modeling: Inferring Patterns and Dynamics of Species Occurrence.* Elsevier, New York.

MacKenzie, D.I., Nichols, J.D., Seamans, M.E., and Gutiérrez, R.J. (2009). Modeling species occurrence dynamics with multiple states and imperfect detection. *Ecology* 90: 823–835.

MacKenzie, D.I. and Royle, J.A. (2005). Designing occupancy studies: general advice and allocating survey effort. *Journal of Applied Ecology* 42: 1105–1114.

Magnussen, S., Kurz, W., Leckie, D.G., and Paradine, D. (2005). Adaptive cluster sampling for estimation of deforestation rates. *European Journal of Forest Research* 124: 207–220.

Manly, B.F.J. (1969). Some properties of a method of estimating the size of mobile animal populations. *Biometrika* 56: 407–410.

Manly, B.F.J. (1984). Obtaining confidence limits on parameters of the Jolly-Seber model for capture-recapture data. *Biometrics* 40: 749–758.

Manly, B.F.J. (2004). Using the bootstrap with two-phase adaptive stratified samples from multiple populations at multiple locations. *Environmental and Ecological Statistics* 11: 367–383.

Manly, B.F.J. (2006). *Randomization, Bootstrap and Monte Carlo Methods in Biology,* 3rd edition. Chapman and Hall/CRC, Boca Raton, FL.

Manly, B.F.J. (2009). *Statistics for Environmental Science and Management,* 2nd edition. Chapman and Hall/CRC, Boca Raton, FL.

Manly, B.F.J. and Parr, M.J. (1968). A new method of estimating population size, survivorship and birth rate from capture-recapture data. *Transactions of the Society for British Entomology* 18: 81–89.

Manly, B.F.J., Akroyd, J.-A.M., and Walshe, K.A.R. (2002). Two-phase stratified random surveys on multiple populations at multiple locations. *New Zealand Journal of Marine and Freshwater Research* 36: 581–591.

Manly, B.F.J., Amstrup, S.L., and McDonald, T. L. (2005). Capture-Recapture methods in practice. In: S.C. Amstrup, T.L. McDonald, and B.F.J. Manly (Eds.), *Handbook of Capture-Recapture Analysis*. Princeton University Press, Princeton, NJ, pp. 266–274.

Manly, B.F.J., McDonald, L.L., and Garner, G.W. (1996). Maximum likelihood estimation for the double count method with independent observers. *Journal of Agricultural, Biological and Environmental Statistics* 1: 170–189.

Manly, B.F.J., McDonald, L.L., and McDonald, T.L. (1999). The robustness of mark-recapture methods: a case study for the northern spotted owl. *Journal of Agricultural, Biological and Environmental Statistics* 4: 78–101.

Manly, B.F.J., McDonald, T.L., Amstrup, S.C., and Regehr, E.V. (2003). Improving size estimates of open animal populations by incorporating information on age. *BioScience* 53: 666–669.

McDonald, L.L. (2004). Sampling rare populations. In: W.L. Thompson (Ed.), *Sampling Rare or Elusive Species*. Island Press, Washington, DC, pp. 11–42.

McDonald, L.L. and Manly, B.F.J. (1989). Calibration of biased sampling procedures. In: L.L. McDonald, B.F.J. Manly, J.A. Lockwood, and J.A. Logan (Eds.), *Estimation and Analysis of Insect Populations*. Springer-Verlag, Berlin, pp. 467–483.

McDonald, T. (2012). *mra: Analysis of Mark-Recapture Data*, R package version 2.13. Available at http://CRAN.R-project.org/package=mra.

McDonald, T. (with contributions from Ryan Nielson, James Griswald and Patrick McCann). (2012). *Rdistance: Distance Sampling Analyses*. R package version 1.1. http://CRAN.R-project.org/package=Rdistance.

McDonald, T.L. (2003). Review of environmental monitoring methods: survey designs. *Environmental Monitoring and Assessment* 85: 277–292.

McDonald, T.L. and Amstrup, S.C. (2001). Estimation of population size using open capture-recapture models. *Journal of Agricultural, Biological and Environmental Statistics* 6: 206–220.

McIntyre, G.A. (1952). A method for unbiased selective sampling, using ranked sets. *Australian Journal of Agricultural Research* 3: 385–390.

Mier, K.L. and Picquelle, S.J. (2008). Estimating abundance of spatially aggregated populations: comparing adaptive sampling with other survey designs. *Canadian Journal of Fisheries and Aquatic Sciences* 65: 176–197.

Miller, D.L. (2013). *Distance: A Simple Way to Fit Detection Functions to Distance Sampling Data and Calculate Abundance/Density for Biological Populations*. R package version 0.7.2. http://CRAN.R-project.org/package=Distance.

Moradi, M. and Salehi, M. (2010). An adaptive allocation sampling design for which the conventional stratified estimator is an appropriate estimator. *Journal of Statistical Planning and Inference* 140: 1030–1037.

Morrison, L.W., Smith, D.R., Young, C.C., and Nichols, D.W. (2008). Evaluating sampling designs by computer simulation: a case study with the Missouri bladderpod. *Population Ecology* 50: 417–425.

Mukhopadhyay, P. (2004). *An Introduction to Estimating Functions.* Alpha Science International, Harrow, UK.

Müller, W.G. (2007). *Collecting Spatial Data,* 3rd edition. Springer, Berlin.

Munholland, P.L. and Borkowski, J.J. (1996). Simple Latin square sampling + 1: a spatial design using quadrats. *Biometrics* 52: 125–136.

Myers, R.H., Montgomery, D.C., Vining, G.G., and Robinson, T.J. (2010). *Generalized Linear Models: with Applications in Engineering and the Sciences,* 2nd edition. Wiley, New York.

Nicholls, A.O. (1989). How to make biological surveys go further with generalised linear models. *Biological Conservation* 50: 51–75.

Nichols, J.D., Hines, J.E., Mackenzie, D.I., Seamans, M.E., and Gutiérrez, R.J. (2007). Occupancy estimation and modeling with multiple states and state uncertainty. *Ecology* 88: 1395–1400.

Nielsen, S.E., Haughland, D.L., Bayne, E., and Schieck, J. (2009). Capacity of large-scale, long-term biodiversity monitoring programmes to detect trends in species prevalence. *Biodiversity Conservation* 18: 2961–2978.

Noji, E.K. (2005). Estimating population size in emergencies. *Bulletin of the World Health Organization* 83: 164.

Noon, B.R., Ishwar, N.M., and Vasudevan, K. (2006). Efficiency of adaptive cluster and random sampling in detecting terrestrial herpetofauna in a tropical rainforest. *Wildlife Society Bulletin* 34: 59–68.

沼田 真（1961）銚子付近の森林植生——銚子海岸の植物相と植物群落 IV. 千葉大学文理学部銚子臨海研究所研究報告 3: 28–48.

Olsen, A.R., Sedransk, J., Edwards, D., Gotway, C.A., Liggett, W., Rathbun, S., Reckhow, K.H., and Young, L.J. (1999). Statistical issues for monitoring ecological and natural resources in the United States. *Environmental Monitoring and Assessment* 54: 1–45.

Otis, D.L., Burnham, K.P., White, G.C., and Anderson, D.R. (1978). Statistical inference from capture data on closed animal populations. *Wildlife Monographs* 62: 3–135.

Outeiro, A., Ondina, P., Fernández, C., Amaro, R., and San Miguel E. (2008). Population density and age structure of the freshwater pearl mussel, *Margaritifera margaritifera,* in two Iberian rivers. *Freshwater Biology* 53: 485–496.

Overton, W.S. and Stehman, S.V. (1995). Design implications of anticipated data uses for comprehensive environmental monitoring programmes. *Environmental and Ecological Statistics* 2: 287–303.

Panahbehagh B., Smith, D.R., Salehi, M.M., Hornbach, D.J., and Brown, J.A. (2011). Multi-species attributes as the condition for adaptive sampling of rare species using two-stage sequential sampling with an auxiliary variable. *International Congress on Modelling and Simulation* (MODSIM), Perth Convention Centre, Australia, December 12–16, pp. 2093–2099.

Petersen, C.G.J. (1896). The yearly immigration of young plaice into the Limfjord from the German Sea. *Report of the Danish Biological Station* 6: 5–84.

Philippi, T. (2005). Adaptive cluster sampling for estimation of abundances within local populations of low-abundance plants. *Ecology* 86: 1091–1100.

Pollard, J.H., Palka, D., and Buckland, S.T. (2002). Adaptive line transect sampling. *Biometrics* 58: 862–870.

Pollock, K.H. (1991). Modeling capture, recapture, and removal statistics for estimation of demographic parameters for fish and wildlife populations: past, present, and future. *Journal of the American Statistical Association* 86: 225–238.

Pollock, K.H. and Otto, M.C. (1983). Robust estimation of population size in closed animal populations from capture-recapture experiments. *Biometrics* 39: 1035–1049.

Pollock, K.H., Lancia, R.A., Conner, M.C., and Wood, B.L. (1985). A new change-in-ratio procedure robust to unequal catchability of types of animal. *Biometrics* 41: 653–662.

Pollock, K.H., Nichols, J.D., Brownie, C., and Hines, J.E. (1990). Statistical inference for capture-recapture experiments. *Wildlife Monographs* 107: 3–97.

Pradel, R. and Lebreton, J.-D. (1991). *User's Manual for Program SURGE Version 4.1.* CEPE/CNRS, Montpellier, France.

Press, W.H., Teukolsky, S.A., Vetterling, W.T., and Flannery, B.P. (1992). *Numerical Recipes in FORTRAN: The Art of Scientific Computing*, 2nd edition. Cambridge University Press, Cambridge.

Quang, P.X. and Lanctot, R.B. (1991). A line transect model for aerial surveys. *Biometrics* 47: 1089–1102.

Quinn, G.P. and Keough, M.J. (2002). *Experimental Design and Data Analysis for Biologists*. Cambridge University Press, Cambridge.

Rasmussen, D.I. and Doman, E.R. (1943). Census methods and their application in the management of mule deer. *Transactions of the North American Wildlife Conference* 8: 369–379.

Rexstad, E. and Burnham, K.P. (1992). *Users Guide for Interactive Program CAPTURE.* Colorado Cooperative Fish and Wildlife Research Unit, Colorado State University, Fort Collins.

Robertson, B.L., Brown, J.A., McDonald, T., and Jaksons, P. (2013). BAS: balanced acceptance sampling of natural resources. *Biometrics* 69: 776–784.

Robson, D.S. and Regier, H.A. (1964). Sample size in Petersen mark-recapture experiments. *Transactions of the American Fisheries Society* 93: 215–226.

Royle, J.A. and Link, W.A. (2005). A general class of multinomial mixture models for anuran calling survey data. *Ecology* 86: 2505–2512.

Salehi, M. and Brown J.A. (2010). Complete allocation sampling: an efficient and easily implemented adaptive sampling design. *Population Ecology* 52: 451–456.

Salehi, M., Moradi, M., Brown, J.A., and Smith, D. (2010). Efficient estimators for adaptive stratified sequential sampling. *Journal of Statistical Computation and Simulation* 80: 1163–1179.

Salehi, M.M. and Seber, G.A.F. (1997). Two-stage adaptive cluster sampling. *Biometrics* 53: 959–970.

Salehi, M.M. and Seber, G.A.F. (2002). Unbiased estimators for restricted adaptive cluster sampling. *Australian and New Zealand Journal of Statistics* 44: 63–74.

Salehi, M.M. and Smith, D.R. (2005). Two-stage sequential sampling: a neighborhoodfree adaptive sampling procedure. *Journal of Agricultural, Biological and Environmental Statistics* 10: 84–103.

Samalens, J.C., Rossi, J.P., Guyon, D., Van Halder, I., Menassieu, P., Piou, D., and Jactel, H. (2007). Adaptive roadside sampling for bark beetle damage assessment. *Forest Ecology and Management* 253: 177–187.

Särndal, C.-E., Swensson, B., and Wretman, J. (1992). *Model Assisted Survey Sampling*. Springer-Verlag, New York.

Sawilowsky, S.S. and Blair, R.C. (1992). A more realistic look at the robustness and type II error properties of the *t* test to departures from population normality. *Psychological Bulletin* 111: 352–360.

Scheaffer, R.L., Mendenhall, W., and Ott, L. (1979). *Elementary Survey Sampling*, 2nd edition. Duxbury Press, North Scituate, MA.

Scheaffer, R.L., Mendenhall, W., Ott, L., and Gerow, K. (2011). *Elementary Survey Sampling*, 7th edition. PWS-Kent, Boston.

Schnabel, Z.E. (1938). The estimation of the total fish population of a lake. *American Mathematical Monthly* 45: 348–352.

Schreuder, H.T., Gregoire, T.G., and Wood, G.B. (1993). *Sampling Methods for Multiresource Forest Inventory*. Wiley, New York.

Schumacher, F.X. and Eschmeyer, R.W. (1943). The estimation of fish populations in lakes and ponds. *Journal of the Tennessee Academy of Science* 18: 228–249.

Schwarz, C.J. and Seber, G.A.F. (1999). Estimating animal abundance: review III. *Statistical Science* 14: 427–456.

Sebastiani, P. and Wynn, H.P. (2000). Maximum entropy sampling and optimal Bayesian experimental design. *Journal of the Royal Statistical Society B* 62: 145–157.

Seber, G.A.F. (1965). A note on the multiple-recapture census. *Biometrika* 52: 249–259.

Seber, G.A.F. (1982). *The Estimation of Animal Abundance and Related Parameters*, 2nd edition. Macmillan, New York.

Seber, G.A.F. (1986). A review of estimating animal abundance. *Biometrics* 42: 267–292.

Seber, G.A.F. (1992). A review of estimating animal abundance II. *International Statistical Review* 60: 129–166.

Seber, G.A.F. and Salehi, M.M. (2005). Adaptive sampling. In: P. Armitage and T. Colton (Eds.), *Encyclopedia of Biostatistics*, Volume 1, 2nd ed. Wiley, Chichester, UK, pp. 59–65.

Sekar, C.C. and Deming, W.E. (1949). On a method of estimating birth and death rates and the extent of registration. *Journal of the American Statistical Association* 44: 101–115.

Shewry, M.C. and Wynn, H.P. (1987). Maximum entropy sampling. *Journal of Applied Statistics* 14: 165–170.

Skalski, J.R. and Millspaugh, J.J. (2006). Application of multidimensional change-in-ratio methods using program USER. *Wildlife Society Bulletin* 34: 433–439.

Skalski, J.R. and Robson, D.S. (1992). *Techniques for Wildlife Investigations: Design and Analysis of Capture Data*. Academic Press, San Diego, CA.

Smith, D.R., Brown, J.A., and Lo, N.C.H. (2004). Application of adaptive cluster sampling to biological populations. In: W.L. Thompson (Ed.), *Sampling Rare or Elusive Species*. Island Press, Washington, DC, pp. 75–122.

Smith, D.R., Conroy, M.J., and Brakhage, D.H. (1995). Efficiency of adaptive cluster sampling for estimating density of wintering waterfowl. *Biometrics* 51: 777–788.

Smith, D.R., Rogala, J.T., Gray, B.R., Zigler, S.J., and Newton T.J. (2011). Evaluation of single and two-stage adaptive sampling designs for estimation of density and abundance of freshwater mussels in a large river. *River Research and Applications* 27: 122–133.

Smith, D.R., Villella, R.F., and Lemarié, D.P. (2003). Application of adaptive cluster sampling to low-density populations of freshwater mussels. *Environmental and Ecological Statistics* 10: 7–15.

Smith, S.J. and Lundy, M.J. (2006). Improving the precision of design-based scallop drag surveys using adaptive allocation methods. *Canadian Journal of Fisheries and Aquatic Sciences* 63: 1639–1646.

Soms, A.P. (1985). Simplified point and interval estimation for removal trapping. *Biometrics* 41: 663–668.

Stanley, T.R. and Burnham, K.P. (1999). A closure test for time-specific capture-recapture data. *Environmental and Ecological Statistics* 6, 197–209.

Stanley, T.R. and Richards, J.D. (2005). Software review: a program for testing capture-recapture data for closure. *Wildlife Society Bulletin* 33: 782–785.

Steel, R.G.D. and Torrie, J.H. (1980). *Principles and Procedures of Statistics: a Biometrical Approach*. McGraw-Hill Kogakusha, Tokyo.

Steinke, I. and Hennenberg, K.J. (2006). On the power of plotless density estimators for statistical comparisons of plant populations. *Canadian Journal of Botany* 84: 421–432.

Stevens, D.L., Jr. (1997). Variable density grid-based sampling designs for continuous spatial populations. *Environmetrics* 8: 167–195.

Stevens, D.L., Jr. and Olsen, A.R. (2004). Spatially balanced sampling of natural resources. *Journal of the American Statistical Association* 99: 262–278.

Stuart, A. and Ord, J.K. (1987). *Kendall's Advanced Theory of Statistics*, 5th ed. Griffin and Co, London.

Su, Z. and Quinn, T.J.II (2003). Estimator bias and efficiency for adaptive cluster sampling with order statistics and a stopping rule. *Environmental and Ecological Statistics* 10: 17–41.

Sullivan, W.P., Morrison, B.J., and Beamish, F.W.H. (2008). Adaptive cluster sampling: estimating density of spatially autocorrelated larvae of the sea lamprey with improved precision. *Journal of Great Lakes Research* 34: 86–97.

Talvitie, M., Leino, O., and Holopainen, M. (2006). Inventory of sparse forest populations using adaptive cluster sampling. *Silva Fennica* 40: 101–108.

Taylor, M.K., Laake, J., Cluff, H.D., Ramsay, M., and Messier, F. (2002). Managing the risk from hunting for the Viscount Melville Sound polar bear population. *Ursus* 13: 185–202.

Thomas, L., Buckland, S.T., Rexstad, E.A., Laake, J.L., Strindberg, S., Hedley, S.L., Bishop, J.R.B., Marques, T.A., and Burnham, K.P. (2010). Distance software: design and analysis of distance sampling surveys for estimating population size. *Journal of Applied Ecology* 47: 5–14.

Thomas, L., Laake, J.L., Rexstad, E., Strindberg, S., Marques, F.F.C., Buckland, S.T., Borchers, D.L., Anderson, D.R., Burnham, K.P., Burt, M.L., Hedley, S.L., Pollard, J.H., Bishop, J.R.B., and Marques, T.A. (2009). *Distance User's Guide, Distance 6.0. Release 2*. Research Unit for Wildlife Population Assessment, University of St. Andrews, UK. http://www.ruwpa.st-and.ac.uk/distance/.

Thompson, S.K. (1990). Adaptive cluster sampling. *Journal of the American Statistical Association* 85: 1050–1059.

Thompson, S.K. (1991a). Adaptive cluster sampling: designs with primary and secondary units. *Biometrics* 47: 1103–1115.

Thompson, S.K. (1991b). Stratified adaptive cluster sampling. *Biometrika* 78: 389–397.

Thompson, S.K. (2003). Editorial: special issue on adaptive sampling. *Environmental and Ecological Statistics* 10: 5–6.

Thompson, S.K. (2012). *Sampling*, 3rd edition. Wiley, New York.

Thompson, S.K. and Seber, G.A.F. (1996). *Adaptive Sampling*. Wiley, New York.

Tongway, D.J. and Hindley, N.L. (2004). *Landscape Function Analysis: Procedures for Monitoring and Assessing Landscapes (Manual)*. CSIRO Sustainable Ecosystems, Canberra.

Trifkovič, S. and Yamamoto, H. (2008). Indexing of spatial patterns of trees using a mean of angles. *Journal of Forest Research* 13: 117–121.

Turk, P. and Borkowski, J.J. (2005). A review of adaptive cluster sampling: 1990–2003. *Environmental and Ecological Statistics* 12: 55–94.

Udevitz, M.S. and Pollock, K.H. (1991). Change-in-ratio estimators for populations with more than two subclasses. *Biometrics* 47: 1531–1546.

Udevitz, M.S. and Pollock, K.H. (1995). Using effort information with change-in-ratio data for population estimation. *Biometrics* 51: 471–481.

Underwood, A.J. (1997). *Experiments in Ecology: Their Logical Design and Interpretation Using Analysis of Variance*. Cambridge University Press, Cambridge.

Wang, X. and Hickernell, F.J. (2000). Randomized Halton sequences. *Mathematical and Computer Modelling* 32: 887–899.

Wiener, J.G., Evers, D.C., Gay, D.A., Morrison, H.A., and Williams, K.A. (2012). Mercury contamination in the Laurentian Great Lakes region: introduction and overview. *Environmental Pollution* 161: 243–251.

White, G.C. (1996). NOREMARK: population estimation from mark-resighting surveys. *Wildlife Society Bulletin* 24: 50–52.

White, G.C. and Burnham, K.P. (1999). Program MARK: survival estimation from populations of marked animals. *Bird Study* 46 Supplement: 120–139.

White, G.C., Anderson, D.R., Burnham, K.P., and Otis, D.L. (1982). *Capture-Recapture and Removal Methods for Sampling Closed Populations*. Los Alamos National Laboratory Rep. LA-8787-NERP. Los Alamos National Laboratory, Los Alamos, NM.

White, G.C., Burnham, K.P., Otis, D.L., and Anderson, D.R. (1978). *User's Manual for Program CAPTURE*. Utah State University Press, Logan.

White, G.C. and Garrott, R.A. (1990). *Analysis of Wildlife Radio-Tracking Data*. Academic

Press, New York.

Williams, B.K., Nichols, J.D., and Conroy, M.J. (2002). *Analysis and Management of Animal Populations.* Elsevier, San Diego, CA.

Yang, H., Kleinn, C., Fehrmann, L., Tang, S., and Magnussen, S. (2011). A new design for sampling with adaptive sample plots. *Environmental and Ecological Statistics* 18: 223–237.

Yu, H., Jiao, Y., Su, Z., and Reid, K. (2012). Performance comparison of traditional sampling designs and adaptive sampling designs for fishery-independent surveys: a simulation study. *Fisheries Research* 113: 173–181.

Zimmerman, D. (1991). Censored distance-based intensity estimation of spatial point processes. *Biometrika* 78: 287–294.

Zippin, C. (1956). An evaluation of the removal method of estimating animal populations. *Biometrics* 12: 163–189.

Zippin, C. (1958). The removal method of population estimation. *Journal of Wildlife Management* 22: 82–90.

和文索引

欧文索引

——————— **W** ———————

——————— **Z** ———————

【訳者紹介】

深谷肇一（ふかや けいいち）

2012年　北海道大学大学院環境科学院 生物圏科学専攻 博士課程 修了
現　　在　国立環境研究所 生物多様性領域 主任研究員，博士（環境科学）
専　　門　統計生態学，個体群生態学，群集生態学

生態学のための標本抽出法		
原題：*Introduction to Ecological Sampling*	原編者	Bryan F. J. Manly （ブライアン F. J. マンリー） Jorge A. Navarro Alberto （ジョージ A. ナヴァッロ アルバート）
	訳　者	深谷肇一　ⓒ 2023
	発行者	南條光章
2023年 2月28日　初版1刷発行	発行所	**共立出版株式会社** 〒112-0006 東京都文京区小日向4-6-19 電話番号 03-3947-2511（代表） 振替口座 00110-2-57035 www.kyoritsu-pub.co.jp
	印　刷	啓文堂
	製　本	協栄製本

検印廃止
NDC 460, 417

ISBN 978-4-320-05839-2

一般社団法人
自然科学書協会
会員

Printed in Japan

生態学のための階層モデリング

RとBUGSによる分布・個体数量・種の豊かさの統計解析

Marc Kéry・J. Andrew Royle 著

深谷肇一・飯島勇人・伊東宏樹監訳

飯島勇人・伊東宏樹・奥田武弘・長田 穣・川森 愛・
柴田泰宙・髙木 俊・辰巳晋一・仁科一哉・深澤圭太・
深谷肇一・正木 隆訳

\ **野生生物の分布や個体数、種の多様性の統計推測について解説** /

野生生物の分布や個体数、種の多様性を定量的に把握することは難しい。こうした野生生物の不完全な検出に対処する統計モデリングとして、生態学的な過程と観測の過程の両方を明示的に考慮した「階層モデル」を用いたアプローチについて包括的に解説する。実データによる多くの例題が含まれており、実行するためのデータやコードも提供されている。

B5判・832頁・定価14,850円(税込)ISBN978-4-320-05814-9

www.kyoritsu-pub.co.jp 　　**共立出版**　　（価格は変更される場合がございます）